촉매란 무엇인가

전파과학사는 독자 여러분의 책에 관한 아이디어와 원고 투고를 기다리고 있습니다. 디아스포라는 전파과학사의 임프린트로 종교(기독교), 경제·경영서, 일반 문학 등 다양한 장르의 국내 저자와 해외 번역서를 준비하고 있습니다. 출간을 고민하고 계신 분들은 이메일 chonpa2@hanmail.net로 간단한 개요와 취지, 연락처 등을 적어 보내주세요.

촉매란 무엇인가
주조에서부터 태양에너지까지

초판 1쇄 1981년 01월 25일
개정 1쇄 2024년 08월 13일

지은이 미야하라 고오시로오·다나카 겐이치
옮긴이 조재선
발행인 손동민
디자인 이지혜

펴낸곳 전파과학사
출판등록 1956. 7. 23. 제 10-89호
주　소 서울시 서대문구 증가로18, 204호
전　화 02-333-8877(8855)
팩　스 02-334-8092
이메일 chonpa2@hanmail.net
공식 블로그 http://blog.naver.com/siencia

ISBN 978-89-7044-670-7 (03570)

- 이 책은 저작권법에 따라 보호받는 저작물이므로 무단전재와 무단복제를 금지하며, 이 책 내용의 전부 또는 일부를 이용하려면 반드시 저작권자와 전파과학사의 서면동의를 받아야 합니다.
- 이 한국어판은 일본국주식회사 고단샤와의 계약에 의하여 전파과학사가 한국어판의 번역출판권을 독점하고 있습니다.
- 파본은 구입처에서 교환해 드립니다.

촉매란 무엇인가

주조에서부터 태양에너지까지

미야하라 고오시로오·다나카 겐이치 지음 | 조재선 옮김

전파과학사

머리말

우리 주변에는 수많은 화학 합성품들이 범람하고 있다. 대부분의 의류는 화학섬유로 만들어지고, 집기류나 건축재료 중에도 플라스틱 제품들이 많다. 그 밖에 각종 약품이나 화학비료, 생활 필수품인 옷감이나 건축자재의 대부분이 촉매의 힘을 빌린 여러 가지 화학반응에 의해서 석유나 석탄으로부터 만들어지고 있다. 1년이라는 긴 시간을 들여서 겨우 생산되는 누에고치나 목화씨로 만들어내는 명주나 무명이 지금은 오히려 값비싼 상품이 되어버렸다. 몇십 년 또는 몇백 년이 걸려서 자란 나무를 가공하여 만든 건재나 귀중품이 되어가고 있는 것은 두말할 나위가 없다.

그러면 이와 같이 우리의 생활환경에 큰 변혁을 가져다준 촉매란 무엇이며, 어떤 작용을 하고 있는 것일까? 거대한 화학공장 안에서 이루어지고 있는 합성품의 대량생산이 촉매로 인해 비로소 가능해졌다고 간단히 말하지만 촉매 자체는 5장의 〈사진 1〉에서 보듯이 '반응탑'이라고 하는 눈에 보이지 않는 곳에서 작용하고 있기 때문에 그 구조를 좀처럼 알 수 없다. 또 우리 인간을 포함한 동식물의 생명은 효소의 촉매작용에 의해서 일어나는 여러 가지 화학반응들의 미묘한 균형의 결과다. 이 효소 또한 촉매의 일종이라는 것을 생각하면 촉매에 관한 화제는 끝도 없이 확대된다. 그 화제 하나하나를 상세하게 소개한다는 것은 거의 불가능하므로 인간의 생산활동이나 자연과의 관계를 촉매라는 측면에서 엿볼 생각으로 4장까지 다루었다. 5장과 6장은 촉매의 작용, 연구 방법과 최근의 화제 등, 다분히 학문적인 흥미를 가진 사람들을 대상으로 한 내용이다. 되도록 알기 쉽게 썼지만 필자의 역부족을 용서하기 바란다.

이 책을 읽은 독자가 촉매의 장래성을 알게 된다면 필자의 목적은 거의 달성되었다고 하겠다.

1979년 늦가을

지은이

• 부연 설명은 *기호로 표시했으며, 책 말미에 미주로 정리했다.

| 차례 |

머리말 | 4

제1장 촉매란 무엇인가 ?

촉매가 제1차 세계대전을 일으켰을까? | 11
자연계 질소의 순환과 촉매 | 12
촉매는 화학반응의 중매자 | 13
백금회로는 왜 따뜻한가? | 15
수소를 태운다 – 연료전지 | 18
어떤 것이 촉매가 될까? | 24
촉매의 작용 | 26

제2장 화합물의 합성 –촉매의 발견과 응용–

술빚기(주조) | 33
세균과 촉매 – 산화반응 | 34
알코올 화학 | 37
마가린과 양초와 휘발유 – 수소화 반응 | 40
공기로부터 빵을 만든다 – 공중질소의 이용 | 48
화학섬유와 합성수지 – 중합반응 | 50
화학 합성원료 전환의 성패는 새로운 촉매의 개발에 달려 있다 | 57
연금술과 촉매 | 61

제3장 에너지의 위기와 환경문제 그리고 촉매

자원절약, 에너지 절약의 문제 | 65
환경 문제와 촉매 | 69
자원과 에너지의 절약 | 70
이용되지 않고 있는 에너지의 개발 | 77
이용되지 않고 있는 자원의 개발 | 90
배기와 폐수의 정화 | 95

제4장 생명과 촉매

지구의 화학진화 | 111
광학활성물질 | 122
효소의 고정화 | 125
대사와 증식 | 128
백금착체와 제암작용 | 133

제5장 촉매의 기구를 밝힌다 (1)

반응탑에는 왜 여러가지 종류가 있는가? | 141
촉매의 분류 | 146
검은 상자 속의 알맹이를 밝혀낸다 | 155
촉매는 어떻게 화학반응을 촉진하는가? | 157

제6장 촉매의 기구를 밝힌다 (2)

촉매작용과 흡착 | 169
흡착입자 운동의 직접 관찰 | 175
일어 나기 쉬운 반응과 까다로운 반응 | 178
꼼꼼한 터널꾼 | 181
배위와 촉매작용 | 183
동위 원소로서 표지를 한다 | 193

제7장 촉매의 장래 −진단과 설계−

광촉매 반응 | 203
고체산·염기촉매 | 211
균일촉매와 불균일촉매의 접점 | 219
모델효소 | 228

주석 | 231
후기 | 251
옮긴이의 말 | 254

제1장

촉매란 무엇인가?

촉매가 제1차 세계대전을 일으켰을까?

20세기에 들어서자 옛 독일을 둘러싸고 거칠어지기 시작한 유럽의 풍운은 1914년 끝내 제1차 세계대전으로 폭발했다. 그 당시 독일이 철 계촉매(鐵系觸媒)에 의한 암모니아 합성기술을 독차지하고 있지 않았더라면 빌헬름(Kaiser Wilhelm, 1859~1941) 2세가 개전을 결심하지 않았으리라는 것은 유명한 이야기이다.

14세기 초에 초석(硝石)을 원료로 한 화약이 발명된 후 북반구의 여러 나라에서 활발하게 제조되고 있었는데, 원료인 초석은 주산지인 남반구로부터 먼 길을 운반해 오지 않으면 안 되었다. 암모니아는 농업에 필수적인 질소비료일 뿐더러 이 암모니아를 공기 속의 산소와 반응시키면 초석으로 만들고 있던 화약의 원료인 질산이 생성된다.

제1차 세계대전이 시작되기 6년 전에 독일의 화학자 하버 (Fritz Haber, 1868~1934)는 수소와 질소의 혼합가스를 높은 온도와 압력 아래서 적당한 촉매에 접촉시키면 암모니아가 생성된다는 것을 발견했다. 그는 보슈(Carl Bosch, 1874~1940)와 협력하여 방대한 수의 촉매를 탐색하여 철 계열의 촉매를 사용한 공업화에 성공했다. 수소를 만드는 데는 물을 전기분해하거나 석탄을 고온으로 가열하여 분해하면 되고, 질소는 공기의 주성분이므로 걱정 없이 얻을 수 있다.

그래서 당시 독일이 독점하고 있던 암모니아 합성공업에 의해서 암모니아와 질산을 계속 생산하는 한편, 초석이 적국으로 반입되는 것을 방해한다면 물 또는 석탄과 공기가 있는 한 독일의 식량과 화약이 보장되어 독일의 승리는 의심할 여지가 없다는 것이 빌헬름 2세의 속셈이었다.

이런 이야기를 서두에 소개하는 이유는 새로운 촉매의 발견과 이것을 사용하여 필요한 것을 인공적으로 단시간 내에 대량으로 생산하는 화학공업의 확립이 일국의 사활(死活)을 좌우할 만큼 큰 사건이라는 것을 강조하고 싶었기 때문이다. 제1차 세계대전이 아니라도 암모니아 합성공업의 성립은 새로운 촉매의 발견으로 시작되었다. 그것으로 인해 근대 화학공업의 막이 올랐다. 먼저 그때까지 자연계에서는 질소가 어떻게 순환되고 있었는지를 살펴보기로 하자.

자연계 질소의 순환과 촉매

잘 알려진 바와 같이 동식물체의 중요한 구성요소로 단백질이 있다. 이것은 '아미노산'이라고 하는 질소(N)를 함유한 화합물이 여러 개 결합하여 이루어져 있다. 자연계에서 공기 속의 질소를 사용하여 이 아미노산이나 단백질을 만드는 경로의 시발점은 식물의 뿌리에 공생(共生)하고 있는 뿌리혹박테리아의 작용이다.

이 박테리아의 세포 내부에 있는 어떤 특수한 효소가 공기 속의 질소가스(N_2)와 물(H_2O)로부터 암모니아(NH_3)를 합성한다. 식물이 이 암모니아를 사용하여 아미노산을 합성하고 합성된 아미노산을 이용하여 다시 단백질을 합성하며, 식물을 먹이로 하는 동물이 식물성 단백질을 동물성 단백질로 바꾼다. 동식물의 시체가 썩고 분해되어 암모니아를 발생하므로 이것은 퇴비로 다시 식물로 되돌아간다. 뿌리혹박테리아가 장시간에 걸쳐 공기 속의 질소를 암모니아로 고정하면, 자연계는 동식물의 체내에 단백질로서 저장된 질소를 순환시켜 이용하고 있는 셈이다.

뿌리혹박테리아만 할 수 있었던 공기 속 질소의 이용 (이것을 '공중질소고정(空中窒素固定)'이라고 한다)을 하버와 보슈의 발명으로 인해 화학공장에서 단시간에, 그것도 대량으로 합성할 수 있게 되어 그 이후 인류의 생산과 소비활동, 나아가서는 자연환경에 미친 영향은 헤아릴 수 없이 크다.

만일 이 세상에 촉매가 없었더라면 어떻게 되었을까? 그랬다고 하면 20세기에 급속히 발전한 거대한 화학공업은 있을 수 없었을 것이다. 인류는 간신히 자연의 '물질순환의 테두리 내에서'만 살아갈 수 있었을 것이다. 하물며 산소라고 하는 생체촉매(生體觸媒)가 없었더라면 제4장에서 말하는 것처럼 지구상에 생명이 존재하지도 않았을 것이 틀림없다.

촉매는 화학반응의 중매자

그런데 우리는 촉매연구소에서 일을 하고 있는 입장이라 흔히 '촉매란 무엇이냐?'라는 질문을 받는다. 이럴 때는 생각나는 대로 마가린을 제조할 때 원료로 쓰는 야자기름이나 어유(魚油)에서 금속인 니켈 가루의 역할이나 백금회로(白金懷爐)의 점화장치에 들어있는 백금석면이 어떤 역할을 하는가를 설명해준다.

그러면 알듯 모를 듯한 미묘한 표정을 짓는다. 한마디로 촉매를 알기 쉽게 설명한다는 것은 매우 어렵다.

그래도 소설이나 기사 중에 '촉매'라는 말이 쓰이고 있는 것을 때때로 볼 수 있을 정도로 더이상 생소한 단어가 아니다. "××에 촉매되어……"라는 식으로 쓰는 말은 아마 "××가 계기가 되어서……의 움직임이 급격히 일어난다"라는 의미인 듯하다. '촉매되어서'라고 어렵게 말하지 않더라도 '촉발되어서'라는 적절한 말이 옛날부터 쓰여왔다. 좀더 번거롭게 말한다면 '촉발'은 그 움직임의 원인이 없어지더라도 변화가 계속되지만 '촉매'는 그것이 없어지면 변화도 즉시 중지된다는 점에서 큰 차이가 있다.

언젠가 우리 촉매연구소에 "중매연구소 앞"이라고 쓴 편지가 날아든 적이 있다. 학생의 어머니로부터 온 것이었는데 "그거나 저거나 마찬가지 아니냐"라면서 직원들 간에 화제가 된 적이 있다.

결혼식장에서 형식을 갖추기 위한 고용 중매자는 차치하더라도 진정한 중매쟁이란 원래부터 결혼할 의사가 있는 한 쌍의 남녀를 골라내 서로를 극구 칭찬하며 이 사람과 결혼하면 반드시 행복할 것이라고 타일러 짝을 이루게 하는 사람을 말한다. 한편 촉매란 원래 화학반응을 일으킬 소질을 가진 물질 간의 화학반응을 촉진하는 능력을 가진 제3

의 물질을 말한다. 여기서 '제3의 물질'이라고 한 것은 '그 자신은 반응한 물질의 양적 변화에는 관여하지 않는다'라는 것을 뜻한다. 화학반응은 바꿔 말하면 물질을 구성하고 있는 원자 간 화학결합의 구조 변화이다. 화학반응을 일으켜야 할 물질분자에 작용하여 그 분자 내의 화학결합을 느슨하게 하여 화학결합의 구조 변화를 일으키기 쉽게 하는 제3의 물질이 바로 촉매이다. 예를 들어보자.

백금회로는 왜 따뜻한가?

옛날 사람들에게 애용되던 백금회로(주머니 난로)란 솜을 채운 금속제의 납작한 용기 입구에 백금석면을 흐트러지지 않게 금속선 코일에 채워 넣어 얹어둔 것이다. 극히 미량의 백금이 촉매로서 작용하도록 백색 내열성 광물(鑛物)섬유인 석면에 백금을 얄팍하게 바른 회색의 솜 모양 물질이 백금석면이다.

솜을 벤젠이나 알코올에 적셔 불을 붙이면 불길이 일며 탄다. 이것을 화학적으로 다음과 같이 말할 수 있다. 불을 붙인다는 것은 벤젠의 증기와 공기 속의 산소와의 혼합가스를 점화온도 이상으로 가열하는 것이다. 그렇게 되면 이 혼합가스는 급격히 반응하여 훨씬 안정된 탄산가스와 수증기가 되고, 이때 생성된 에너지를 열로 뱉어낸다. 이 열로 인해 계속해서 증발하는 벤젠은 공기 속에서 산소를 충분히 보급받기

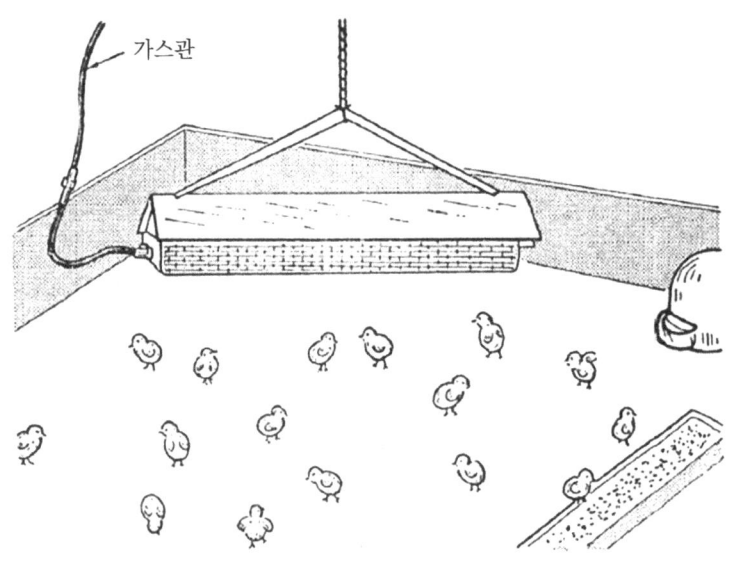

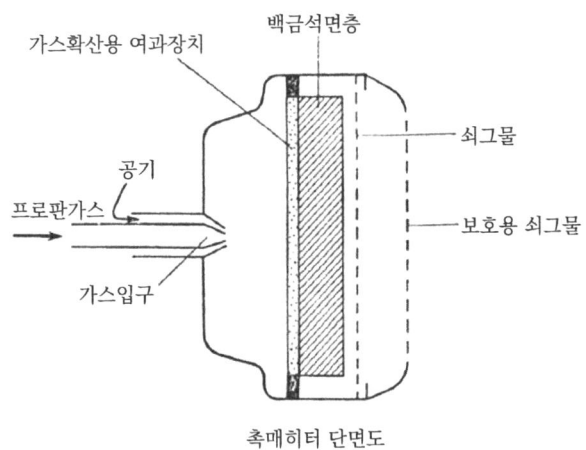

그림 1-1 | 촉매 히터

때문에 반응이 계속되어 점화온도 이상의 온도를 유지한다. 즉, 불길을 일구며 연소가 계속된다.

그런데 백금회로의 경우에는 회로를 주머니에 넣어서 옷 속 깊숙이 넣기 때문에 공기의 산소 보급이 지극히 제한되고, 벤젠은 조금씩만 증발하기 때문에 불이 붙어도 불길을 내며 탈 수가 없다. 그러나 백금석면이 있으면 미량의 벤젠 증기가 산소로도 백금 표면에 흡착해서 반응하기 쉬운 상태가 되어 양자 사이에 화학결합의 변화(酸化反應)를 일으켜 마침내 탄산가스와 수증기로 변한다. 이렇게 미미한 반응에 해당하는 것이 조금씩 계속 방출된다.

이와 같이 백금은 벤젠의 산화반응이 잘 일어나게 중매하기 때문에 불길을 일구면서까지는 탈 수 없다. 희박한 벤젠 증기와 산소로도 낮은 온도에서 반응을 잘 일으키고 그것에 의해서 회로로서 알맞게 열 방출을 계속할 수 있다. 화구에 백금석면이 없으면 체온으로 벤젠이 증발하므로 온몸에 벤젠 냄새가 풍긴다.

최근 미국이나 영국에서 백금회로를 대형화한 프로판 난로가 "불길이 일지 않는 연소기" 혹은 "촉매 히터"라는 이름으로 실용화되어 〈그림 1-1〉과 같은 병아리 사육용에서부터 난방용 또는 캠프용 등에 이르기까지 여러 형태의 히터가 생산되고 있다. 프로판가스의 압력을 약 100분의 1기압에서 1기압까지의 범위로 조절하면 100℃ 정도에서 1,000℃ 전후까지 온도를 자유로이 조절할 수 있다. 더구나 촉매가 확실히 작용하는 한 프로판가스에 비해서 공기가 충분해 탄산가스와 수증기밖에 생성되지 않으므로 현재 일반적으로 사용되고 있는 가스난로에 비하면 훨씬 안전하고 또 공기를 오염시키지 않는다.

이러한 백금의 성질을 이용하여 최근 우리 주변에 흔히 사용되고 있는 것이 자동차의 배기가스 처리 촉매이다. 격렬한 진동이나 배기가스의 강한 흐름에 부딪혀도 붕괴되지 않는다. 또 배기가스의 흐름을 방해하지 않게 벌집 모양으로 만들어진 알루미나(산화알루미늄) 표면에 백금을 얇게 바른 것이 자동차의 배기구와 머플러와 엔진 사이에 채워져 있다. 엔진 속에서 가솔린과 공기의 혼합가스가 폭발, 연소할 때는 가솔린 전부가 탄산가스와 수증기가 되지 못하고 배기가스에는 몇 퍼센트의 일산화탄소(CO)나 연소되지 않은 가스가 들어 있다.

이것이 대기 속으로 배출되면 공해를 일으키므로 부족한 산소(실제로는 공기)를 다시 엔진의 출구에서 보급한 배기가스를 백금에 접촉시켜 완전히 연소해서 탄산가스와 수증기로 만들어버리는 구조로 되어 있다. 또 하나의 예를 들어보자.

수소를 태운다 – 연료전지

수소(H_2)는 연소해서(즉 산소(O_2)와 반응하여) 물(H_2O)이 된다.

$$2H_2 + O_2 \rightarrow 2H_2O \qquad (1\text{-}1)$$

이것으로는 물 이외의 것은 될 수 없으므로 수소는 석유나 석탄 등의 탄화수소(탄소 C와 수소 H의 두 원소로서 이루어진 화합물)로 변하는 공기를 더럽히지 않는 깨끗한 에너지원으로 최근 한창 화제에 오르고 있다. 그러나 그것은 현재 가능성의 문제일 뿐 실용화되기 위해서는 해결해야 할 여러 가지 문제가 놓여 있다.

그 하나는 수소의 이용 방법으로 현재의 수소자원은 석유의 분해나 물의 전기분해와 같은 값비싼 자원을 쓰거나 많은 에너지를 주입하여 만들어지고 있다. 이것을 그저 태워서 열에너지를 사용할 뿐이라면 너무 비경제적이고 비효율적인 일이다. 현시점에서 에너지원으로서 수소를 만드는 일에 경제성이 성립되는 경우는, 예를 들면 야간에 남아도는 전력을 이용하여 물을 댐에 다시 퍼 올리는 것처럼 물을 전기분해하는 등의 방법을 통해 남는 에너지를 수소의 형태로서 저장하는 정도이다.

또 하나의 문제는 에너지원으로서의 수소를 어떻게 해서 효율적으로 만들 수 있느냐는 문제이다. 지금까지 이용하고 버려두었던 태양의 빛과 열, 지열(地熱) 또는 바다의 파도나 조류(潮流)의 힘을 이용하는 등 물을 수소와 산소로 분해하기 위한 에너지원을 어떻게 확보하느냐는 연구가 세계적으로 활발히 실시되고 있다. 이 문제는 대부분 촉매와 관련되는데, 이것은 나중에 설명하기로 하자. 여기서는 식 (1-1)에서 보인 수소와 산소의 반응 및 그 역반응 중의 한 경우, 즉 물의 전기분해에 대해서 좀 더 자세히 살펴보기로 하자.

중학교 과학실험으로 잘 알려진 것처럼 유리용기를 사용하여 〈그림

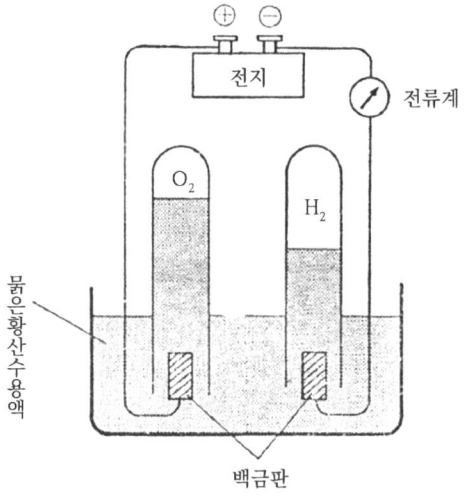

그림 1-2 | 물의 전기분해 장치

1-2〉의 장치를 조립하면 전류계의 바늘이 움직인다. 즉, 직류의 전류가 황산 수용액 속으로 흐른다. 그 전기에너지를 사용하여 물을 전기분해하고 극 쪽에는 산소, 극 쪽에는 수소가스가 모이게 한다.

$$2H_2O \rightarrow 2H_2 + O_2 \qquad (1-2)$$

그런데 앞에서 촉매란 '반응을 촉진하지만 반응물질의 수지결산에 관여하지 않는 제3의 물질'이라는 문제가 다소 야기된다. 지금 말한 물의 전기분해 장치에서 일어나는 반응(1-2)의 수지결산에 관여하지 않는 제3의 물질로는, 물에 녹인 황산(H_2SO_4)과 두 전극 사이를 흐르는 전류의 본질인 전자(-)와 전극인 백금(Pt)이 있다. 엄밀하게 말하면 이 세 가지 물질이 모두 촉매는 아니다. 촉매는 백금뿐인데, 그것은 다음과 같은 이유 때문이다.

황산은 대표적인 전해질로서 물속에서는 플러스 1가(價)의 전하(電荷)를 가진 두 개의 수소이온(H^+)과 마이너스 2가의 전하를 가진 한 개의 황산이온(SO_4^{2-})으로 갈라져 있어서 전자와 함께 백금전극의 표면에서 다음과 같은 반응을 일으키고 있다.

수용액 속 : $H_2SO_4 \rightarrow 2H^+ + SO_4^{2-}$
⊖전극 표면 : $2H^+ + 2e^- \rightarrow H_2$
⊕전극 표면 : $SO_4^{2-} + H_2O \rightarrow H_2SO_4 + \frac{1}{2}O_2 + 2e^-$

이와 같이 황산분자는 플러스와 마이너스의 이온으로 전리(電離)되어 수용액 속을 ⊕전극과 ⊖전극 사이에서 전기를 운반하는 동시에, 양쪽의 백금전극 표면에서 각각 H_2와 O_2를 발생하는 반응이 촉진되고 있는 셈이 된다. 그림에서 위에 있는 전지는 강제적으로 ⊖극에 전자 e-를 주고, ⊕극으로부터 전자를 빼앗아 이 반응을 일으키는 원동력이 된다. 백금전극이 없으면 이 반응은 일어나지 않는다. 촉매라고 할 수 있는 것은 전극의 백금뿐이다. 그런데 물의 전기분해에 의해서 생성된 수소와 산소를 한 용기 속에 섞어 넣은 것만으로는 어떠한 변화도 일어나지 않는다.

바꿔 말하면, 이 혼합기체는 반응하여 물이 될 수 있는 소질을 가졌음에도 불구하고 반응하지 않는다. (1-1)의 반응이 일어나 물로 되돌아올 수 있다면 전기분해 때 주입된 에너지를 뺄어내게 할 수 있다. 그러나 이 용기에 미리 미량의 백금가루를 봉입한 유리캡슐을 넣어두었다가 이것을 깨뜨려서 혼합기체를 백금가루에 접촉시키면 불을 붙인 것처럼 폭발하여 물이 된다. 수소와 산소가 차가운 백금가루에 의해서 불이 붙은 셈이다. 백금은 (1-1)의 반응을 촉매하고 그때 발생하는 열에 의해서 백금가루의 온도가 혼합가스의 점화 온도로 될 때까지가 촉매반응이다. 그 이후의 폭발은 이 혼합가스 속에서 전기 스파크를 일으키면서 폭발하는 것과 마찬가지로, 백금을 제거하더라도 혼합가스만으로 계속 진행되는 반응에 의해서 물이 되는 것이지 촉매반응은 아니다.

다음 〈그림 1-2〉의 장치에서 물을 전기분해해서 생성된 수소와 산소를 그대로 두고 전지를 떼어 내고 전류계를 더 민감한 미소전류계로 대치하면 어떻게 될까? 전류계의 지침이 전기분해 때와는 달리 반대 방향으로 움직이고, 용기의 수소와 산소가 차츰 감소되어 가는 것을 알 수 있을 것이다. 이번에는 물에 겨우 녹을 만큼의 산소와 수소가 백금 전극의 표면에서 위에서 말한 ⊖극과 ⊕극의 반응을 서서히 역방향으로 일으킴으로써, 수소와 산소의 혼합가스가 폭발할 때는 열의 형태로 한꺼번에 방출된 에너지를 전기에너지로 바꾸어 조금씩 연속적으로 방출하게 된다. 이것이 최근 우주선용의 발전기로서 화제가 되고 있는 연료전지(燃料電池)의 원형이다. 즉, 연료로서의 수소를 서서히 연소하여 전기에너지를 뽑아내는 동시에 순수한 음료수가 만들어지는 셈이다. 큰 전력을 얻으려면 백금전극의 표면적을 넓히거나 같은 전지를 여러 개 병렬로 접속하면 된다. 높은 전압을 얻으려면 같은 연료전지를 여러 개 직렬로 접속하면 된다(한 개의 수소연료전지의 출력전압은 실온(室溫)에서 약 1.2V이다). 현재 이 수소연료전지의 개발에서 남은 문제는 어떻게 하면 소형으로 큰 전류를 낼 수 있는 전극을 만들 수 있느냐는 기술적인 문제이다.

백금석면이나 백금전극이 가지는 촉매의 역할을 영어로는 catalysis 라고 한다. 1835년 스웨덴의 화학자 베르셀리우스(Johan Joköb Berzelius, 1779~1848)가 명명한 것으로 희랍어의 '용해, 파괴'라는 뜻에서 유래한다. 영어의 동사 '촉매하다(catelyze)'의 어원이다. 觸媒(촉매)는 20세기에 들어와서 쓰여진 듯하며 '접촉함으로써 중매역할을 한다'라는 뜻으로 읽으면 영어보다 훨씬 알기 쉽다.

수소연료전지의 백금전극은 촉매이지만 현재 자동차 등에 많이 쓰이는 납(鉛)축전지의 전극은 촉매와는 아무 인연이 없다는 것에 오해가 없도록 주의하자. 반응 (1-1)의 수소연료전지 또는 반응 (1-2)의 물의 전기분해장치 등 어느 것이든 백금전극은 반응 성분이 아니고 출입하고 있는 에너지는 반응 (1-1) 또는 (1-2)에 유래하는 데 반해서, 납축전지의 ⊕극인 과산화납과 ⊖극인 납은 전지의 방전 또는 충전에서 다음과 같이 전극 자체가 화학변화를 일으켜, 그것이 에너지를 드나들게 하는 원인이 되고 있다. 다시 말하면 이때의 전극은 중매자가 아니고 결혼하는 당사자들이다.

$$PbO_2 + 2H_2SO_4 + Pb \underset{충전}{\overset{방전}{\rightleftarrows}} 2PbSO_4 + 2H_2O$$
(과산화납)　(황산)　　(납)　　　　(황산납)　(물)

'촉매'라는 것을 정확하게 정의하기 위해서 납 축전지에 대한 번잡한 이야기를 했지만 나중에 소개하듯이 생체 내에서 일어나는 반응 등에서는 많은 촉매반응과 그렇지 않은 반응 등이 조합되어 화학반응의 회로(사이클)가 형성된다. 물질 수지(收支)의 총결산을 하게 되면 반응 (1-1)과 같은 단순한 화학반응식으로 요약되는 것이 많다. 따라서 총결산의 반응식에 나타나지 않는 물질을 통틀어 '촉매'라고 일컫는 경우가 많고, 어떤 물질이 진정한 촉매작용을 하고 있는가는 복잡한 반응기구가 밝혀져야 비로소 알 수 있다.

어떤 것이 촉매가 될까?

촉매로 사용되는 물질의 종류와 형태는 그것이 관여하는 화학반응의 종류에 따라서 천차만별이다. 그 구체적인 예는 제2장 이후부터 자세히 언급하겠지만 형태상으로는 물에 녹아서 이온이 되는 염산이나 황산 또는 가성소다처럼 용액 속에서 반응물질과 균일하게 한데 녹아서 작용하는 '균일촉매'와 금속이나 알루미늄이나 실리카(酸化硅素)처럼 고체로서 작용하는 '불균일 촉매'로 크게 분류한다. 이들은 금속이나 활성탄(活性炭)처럼 단일 원소로 이루어진 것에서부터 금속과 산소, 염소 또는 황과의 화합물, 금속이나 유기화합물이 결합한 금속착체(金屬錯休), 더 복잡한 것으로는 단백질을 주성분으로 하는 효소에 이르기까지 거의 모든 화합물이 어떠한 촉매작용을 하고 있다.

길바닥에 뒹굴고 있는 돌멩이나 흙까지도 반응에 따라서는 촉매가 될 수 있지만 이런 물질을 사용해서 목적하는 물질을 효과적으로 합성할 수가 없다. 반응물질을 흡착하여 화학결합이 반응하기 쉽게 느슨하게 만들지 못하기 때문이다. 중매자가 될 사람이 집 안에 틀어박혀 찾아온 신랑, 신부 후보자를 집 안으로 받아들이지 않는다면 중매쟁이 노릇을 하지 못하는 것이나 마찬가지다.

돌멩이나 흙을 미리 진공 속에서 태워서 표면에 붙어 있는 물이나 탄산가스를 제거하고, 돌멩이나 흙의 성분을 드러나게 하면 훌륭한 촉매작용을 하게 된다. 이와 같이 사전 처리를 한 돌멩이나 흙을 채워 넣은 관을 가열하여 에틸알코올의 증기를 통과시키면 관의 출구에서 에틸렌이나 아세트알데히드가 나온다. 이것은 훌륭한 촉매반응이다.

그러나 실용면에서는 어떻게 하면 에틸알코올로부터 에틸렌이나 아세트알데히드만을, 또는 다른 물질을 효율적으로 만들 수 있느냐는 것이 문제이다. 이것이야말로 촉매 전문가들이 고심하고 있는 촉매의 해명과 개발해야 할 과제이다. 돌멩이의 성분을 분리, 개량하여 에틸알코올로부터 에틸렌이나 아세트알데히드만을 만드는 촉매가 발견되었다. 최근에는 점토(粘土)의 성분인 규소, 알루미늄, 칼슘, 산소 등 원자가 규칙적으로 배열된 결정성(結晶性) 인공점토(제올라이트)가 합성되어 이것을 촉매로 사용하여 알코올을 휘발유로 바꾸는 공업이 개발되었다.

촉매의 작용

훌륭한 중매자는 신랑, 신부 후보자의 성격뿐 아니라 가정이나 직장의 환경을 잘 고려하여 결혼 의사를 굳히도록 잘 구슬려댄다. 마찬가지로 화학반응을 촉진하는 역할을 가진 제3자로서의 촉매는, 반응물질에 충분히 접근하여 그 내부의 특정한 화학결합을 느슨하게 함으로써 새로운 화학결합을 만들기 쉽게 하는 작용이 없어서는 안 된다. 그렇다면 이 작용은 촉매의 어떠한 성질에 연유하는 것일까?

고체 촉매를 생각해보자. 고체 내부의 원자는 그것을 둘러싸고 있는 다른 원자와 상하좌우로 손을 뻗어 결합을 형성하고 있는데, 이 고체를 절단함으로써 생기는 표면에는 반드시 결합에 관여하지 않는 손이 남아 있게 된다. 즉, 표면에 노출된 원자는 결합에 쓰이지 않는 손이 남아 있기 때문에 결합할 수 있는 상태가 된다. 따라서 깨끗한 고체 표면은 가스분자를 잘 흡착한다. 가스분자가 고체 표면에 흡착하여 늘어섰을 때의 가스분자의 혼합상태는 그 가스를 1만 기압으로 압축했을 때와 같은 정도이다. A 분자와 B 분자가 반응하기 위해서는 먼저 A와 B 분자가 충돌(1억 분의 수 ㎝라고 하는 화학결합의 거리에까지 접근하는 것)하지 않으면 안 되는데, 보통의 기체 상태 아래서는 이 충돌의 빈도가 지극히 적다. 1만 기압에 해당하는 흡착층 속에서 분자끼리는 언제라도 충돌할 상태에 있는 셈이다.

그런데 충돌 또는 흡착한 A 분자와 B 분자가 반드시 반응을 일으킨다고는 할 수 없다. 반응을 일으키기 위해서는 충돌이나 흡착에 의해서 A나 B 분자 속에서 원자끼리 결합하고 있는 화학결합이 새로운 화학결합으로 구조 변화를 하기 쉽도록 느슨하게 만드는 일(활성화)이 일어나지 않으면 안 된다.

따라서 충돌에너지를 흡수하는 것만으로도 활성화할 수 있을 만한 분자 간의 반응에는 촉매가 필요 없다. 그것은 서로 한눈에 반해버린 한 쌍의 남녀에게는 중매쟁이가 필요 없는 것과 같다.

좋은 예로 요오드와 수소로부터 요오드화수소(HI)가 되는 반응인데, 한 조(組)의 요오드분자와 수소분자가 충돌을 통해 활성화에 충분한 에너지를 얻을 수 있을 만큼 이 혼합가스를 가열해주면 된다. 이 혼합가스를 가열하는 대신 진공 속에서 가스를 제거한 백금에 접촉시키면 낮은 온도에서도 반응이 일어난다. 요오드와 수소가 충돌하는 대신 백금 표면에 활성화되어 흡착되는 것이다. 이 경우는 요오드와 수소는 원자로 갈라져서 흡착하여 반응이 일어나는 것이다. 요오드화수소의 생성 방식은 한눈에 반하는 것과는 전혀 다르다.

그런데 고체 표면으로의 흡착에서는 흡착하는 분자를 형성하고 있는 화학결합이 거의 반응하지 않는 흡착과 활성화되어서 큰 변화를 일으키거나 분해되어 고체 표면의 원자 간에 새로운 화학결합을 만드는 흡착 등이 있다. 앞의 것을 '물리흡착(物理吸着)'[*1], 뒤의 것을 '화학(또는 활성화)흡착'[*1]이라고 한다. 고체 표면이 촉매작용을 갖기 위해서는 적어도 반응물질 중 하나를 화학 흡착하게 하는 것이 필요하다. 그러나 너무 강하게 화학흡착을 해서는 안 된다. 중매자가 신부 후보를 독점하고 있으면 중매쟁이가 될 수 없는 것과 같다. 위에서 말한 반응 (1-1)을 촉매하는 백금 표면에는 H_2가 2개의 H로, O_2가 2개의 O로 분해되어 화학흡착을 한다. H와 O는 백금 표면을 돌아다니고 있는 동안에 충돌하여 물 분자로 되어 백금 표면을 떠난다고 한다.

대기에 노출된 고체 표면은 예외 없이 산소, 물, 탄산가스, 일산화탄소 및 기름이나 황화합물 등이 물리흡착이나 화학흡착이 된 층으로 덮여 있기 때문에 그대로는 촉매작용이 없다. 이 '촉매독'[*2]이라고 불리는 흡착물질은 사용하기 전에 제거하는 것이 필수적이라는 것은 위에서 말한 바 있다.

대기 속의 고체 표면이 그만큼 오염되어 있다면 공기 속보다도 훨씬 더 오염되어 있다고 볼 수 있는 물속에서 효소가 어째서 촉매작용을 할 수 있을까 하는 의문이 생긴다. 효소는 그 복잡한 구조에 의해서 특정한 반응물질이 흡착될 수 있도록 자리를 마련해 놓고 있다. 그 반응물질이 접근하면 미리 흡착되어 있던 물 분자와 치환하는 지극히 섬세한 조절 능력을 지니고 있다. 즉, 원래 효소는 물속에서야말로 촉매작용을 발휘할 수 있게 조절되어 있는 것이다. 최근에 이 효소를 고체 표면에 고정화하여 몇 번이고 반응을 반복해서 사용할 수 있는 대량생산용 효소촉매를 만드는 시도가 이루어지고 있다.

고체가 촉매작용을 발휘하기 위한 또 하나의 문제는 표면적의 문제이다. 촉매의 경제성을 생각하면 같은 무게의 촉매물질에서는 표면적이 클수록 유리한 것이 틀림없다. 고체 표면적은 질소 등의 적당한 기체의 물리흡착량에 의해서 측정된다(이것을 제안한 세 사람의 미국 학자 브루나우어(Brunauer), 에멧(Emanett, P. H), 텔러(Teller)의 머리글자를 따서 'BET법'이라고 일컫는다). 하나의 흡착분자가 고체 표면을 점령하는 면적을 알고 있으면, 한 분자층으로 밀착하여 흡착했을 때의 흡착분자수로부터 표면적을 알 수 있다. 촉매로서 잘 사용되는 활성탄이나 실리카겔(silica gel)의 표면적은 1g당 수백에서 1,000㎡에 이를 것으로 추정된다. 얼핏 보기에 색다른 것이 없는 입자 상태이지만 그 속에는 눈에 보이지 않는 작은 구멍이 무수히 많기 때문이다. 작은 귀이개 두셋 정도밖에 되지 않는 활성탄의 표면적에 집이 두세 채나 세워지는 셈이다. 표면적이 클수록 표면의 원자의 배열 방법이 흐트러져 있기 때문에 활성화 흡착을 일으키기 쉬울 것으로 예상된다.

예를 들어 탄소에는 활성탄 그래파이트(graphite)와 다이아몬드가 있는데 탄소원자의 질서 정연한 배열방식이 치밀해진다. 그 정도에 따라 그만큼 경도(硬度)도 늘어나며, 표면의 원자에 유리된 결합수(結合手)도 없다. 다이아몬드는 딱딱하기만 할 뿐 촉매로서는 아무 역할도 하지 못한다.

제2장

화합물의 합성

— 촉매의 발견과 응용 —

지금부터 현재 화학공업에 쓰이고 있는 각종 물질을 만드는 촉매에는 어떤 것이 있으며, 어떻게 발견되었는가를 알아보기로 하자.

술빚기(주조)

야생 원숭이가 나무가 옴폭하게 패인 곳에 숨겨 놓았다 잊어버린 과실이 자연스럽게 발효해서 맛 좋은 과실주가 빚어졌다는 이야기가 있다. 또 남반구의 깊은 산속 원주민들이 곡류를 입으로 씹어 곱게 으깬 것을 발효시켜서 어떤 종류의 술을 빚고 있다는 이야기를 들은 사람도 있을 것이다.

이와 같이 양조(釀造)는 인류의 발달과 더불어 긴 역사를 가지고 있다. 원주민이 곡식을 입으로 으깨는 이유는 침으로 곡식 속의 탄수화물[3]을 당으로 바꾸기 위한 것인데, 이는 타액에 들어 있는 '아밀라아제'라고 하는 효소의 작용에 의한 것이다. 과즙 혹은 이렇게 해서 만들어진 당액(糖液)에 공기 속에 떠돌고 있는 여러 가지 효모균이 뛰어들어 당을 먹고 탄산가스를 뱉어내면서 증식한다. 이때 알맞게 알코올 발효를 하는 효모균이 다른 효모균보다 우세하여 증식하게 되면 부산물로서 에틸알코올을 몸 밖으로 배설한다. 술이나 맥주의 양조공장을 견학한 사람은 발효 탱크 안에서 술덧이 탄산가스 거품을 부글부글 뿜어내고 있는 것을 보았을 것이다. 배출된 에틸알코올이 어느 농도에 달하면 그 자체로 방해가 되어 효모의 증식이 멎는다. 이것이 발효에 의한 양조의 기구이다. 효모균의 체내에서 이 메커니즘의 주역을 담당하는 효소라는 물질이 촉매의 일종이라는 것을 생각한다면 촉매를 이용한 물질합성의 역사는 아주 오래된 것이라 하겠다. 하물며 현재 지구에 존재하는 여러 가지 물질이 지구의 오랜 역사 속에서 어떻게 하여 생성되었느냐는 '물질의 화학 진화'에 즈음해서 물질의 촉매작용이 중요한 역할을 했다고 말한다면 촉매의 역사는 지구 창조와 더불어 시작되었다고 할 수 있다.

그러나 물질을 만들기 위한 촉매의 발견과 응용의 역사, 즉 쓸모 있는 물질을 만들어 내기 위한 화학변화를 일으키는 것으로서 인간이 촉매를 의식적으로 사용하기 시작한 것은 약 2세기 전에 불과하다.

세균과 촉매 - 산화반응

효모균도 여러 가지가 있어 알코올 발효 외에도 아세트산, 부티르산(酪酸), 부탄올(숙취의 원인 물질이다) 등 여러 가지 물질을 만드는 발효가 있다.

화학, 특히 유기화합물[*4)]을 다루는 유기화학이 급속히 진보하고 있던 19세기 중엽, 포도주의 부산물인 주석산(酒石酸)의 연구에서 더 나아가서 발효의 화학적 연구를 진행하고 있던 프랑스의 신진 엘리트 화학자 파스퇴르(Louis Pasteur, 1822~1895)는 음식물이 부패하는 원인에 대해서 당시 유기화학의 권위자, 독일의 리비히(Justus Liebig, 1803~1873)와 활발히 논쟁을 벌이고 있었다. 파스퇴르가 음식물의 발효나 부패는 세균의 번식이 원인이라고 말한 데 대해, 리비히는 음식물이 공기 속의 산소와 반응하여 분해하는 산화반응이 원인이라고 주장하며 발효설을 부정했다. 술이 쉬어서 초가 되는 현상은 에틸알코올이 산화되어 초산이 되는 화학변화와 마찬가지로 확실히 산화반응이 부패 과정에 포함되어 있는 것은 틀림없지만 발효까지 부정한 것은 리비히의 지나친 행동이었다. 파스퇴르는 자기주장을 입증할 수 있는 실험을 했다. 즉, 음식물을 입구가 작은 병에 넣고, 병 입구를 약솜으로 꼭 막은 뒤 끓여서 방치해 두면 썩지 않고 보존된다는 실험이었다. 지금 널리 사용하고 있는 싱싱한 식료품의 멸균 포장의 시초가 바로 이것이다. 이를 계기로 생체 내에서 일어나는 화학변화를 다루는 분야인 생물화학이 급속히 발전하게 되었다.

1865년에 파스퇴르는 당시에 크게 유행하던 누에의 전염병이 세균의 감염에 의한 것이라는 것을 발견했다. 그는 방제책을 계획하여 당시 프랑스의 중요 산업 중 하나이던 양조법이 전멸하게 될 위기에서 구출했다. 또 소의 탄저병(炭疽病), 닭 콜레라, 돼지의 단독(丹毒), 인간의 콜레라, 페스트, 광견병 등의 병원균을 발견하여 그 대책을 세우는 등 현대의 세균학이나 면역학의 기초를 확립한 것은 유명하다.

이와 같이 세균에 의해서 알코올이나 질병의 직접적인 원인인 독소 등이 어떻게 생성되느냐에 대한 연구는 '효소반응' 또는 '생체 촉매반응'이라 해서 생체가 행하고 있는 에너지와 물질대사나 생체운동의 원인을 탐구하는 연구의 중요한 분야로서 수많은 학자들이 연구에 몰두하고 있다.

효소 반응의 특징은 효소가 효모나 세균, 동물이나 식물의 여러 기관, 즉 살아 있는 것 속에 있는 점으로 알 수 있듯이, 물이라는 매체 속에서 20℃~40℃ 사이의 극히 제한된 온화한 조건 아래서 특정 화학반응을 지극히 선택적으로 촉매한다는 사실이다. 물속에 있으며 효소를 필요로 하는 균이 있는가 하면 공기를 싫어하는 균, 또는 흙 속에 사는 균도 있다. 지금까지 수백 종의 효소가 자연계에서 발견되었고 그중 일부는 순수한 상태로 추출되었다. 옛날에는 생명의 신비라고 생각하던 발효나 세균의 작용이, 깊이 생각하면 효소라고 하는 생명 없는 화학물질이 일으키는 화학반응이라는 것이 확인된 셈이다. 양조뿐 아니라 세균이 독소(사용방법에 따라서는 페니실린이나 스트렙토마이신처럼 약으로 쓴다)를 만드는 반응의 실용화에 큰 기대를 걸고 있다. 최근에는 같은 방법으로 당뇨병의 묘약인 '인슐린'이라는 호르몬의 대량생산이 가능해졌다.

리비히 시대에 알려져 있던 유기화합물의 대부분은 자연계의 생체에서 추출하거나 발효를 통해 얻었다. 인공적으로 시험관 속에서 무생명적인 화학반응에 의해서 합성한 것은 20세기에 들어선 후의 일이다. 그런데 촉매에 "catalizer"라는 이름을 붙인 베르셀리우스의 시대 이전에는 녹말을 디아스타제 대신 황산(H_2SO_4)이나 염산(HCl)을 녹인 물과 함께 가온하면 당이 생성된다는 것 등이 알려져 있었다. 19세기에 들어서자 백금 등 기타 금속이나 여러 가지 광물 등의 고체도 각각 특유한 촉매작용을 한다는 것이 많이 알려지게 되었다.

옛날부터 알려졌고 현재에는 에너지 자원으로 다시 중요해진 알코올의 촉매작용에 대해서 살펴보기로 하자.

알코올 화학

앞서 말한 바와 같이 에틸알코올은 발효에 의해서 합성되는 주정(酒精)으로서 옛날부터 알려진 유기화합물이다. 1795년 영국의 프리스틀리(Joseph Priestley, 1733~1804, 질소 화합물과 암모니아의 발견자)는 점토를 넣은 관을 가열하여 에틸알코올의 증기를 통과시키면, 관의 출구에서 알코올과는 달리 밝은 불길을 일구며 타는 가스가 나오는 것을 발견했다. 이것을 현대적 화학반응식으로 나타내면

$$C_2H_5OH \xrightarrow{(점토)} C_2H_4 + H_2O \qquad (2\text{-}1)$$
$$(\text{에틸알코올}) \quad (\text{에틸렌}) \ (\text{수증기})$$

로서 점토라는 고체 촉매에 의한 에틸알코올의 탈수(脫水)반응(화합물 속

의 H와 O가 2:1의 비율로 빠져나가고 물이 되는 반응)의 발견이다. 석유에서 얻어지는 에틸렌을 사용하여 반응 (2-1)을 촉매에 의해서 반대 방향으로 일으키면, 즉 에틸렌의 수화반응(水和反應, 에틸렌분자에 물분자의 수소원자 H 두 개와 산소원자 O 한 개를 부가하는 것)에 의해서 에틸알코올을 만드는 촉매반응은 현대의 중요한 화학공업 중 하나가 되었다.

이 공업용 촉매로는 고체의 금속황산염이나 인산염, 실리카, 알루미늄 등 표면이 황산이나 염산처럼 산성을 띠고 있는 것이 사용되고 있다. 이것들은 이른바 고체산(固体酸)[*5]이라고 불리는 무기화합물[*4]의 한 무리이다. 이 촉매의 개발에 의해서 순수한 에틸알코올을 발효법에 비해서 훨씬 쉽고 대량으로 합성할 수 있게 되었다. 더구나 발효법으로는 원료인 당밀(糖密)의 약 절반이, 효모가 증식하기 위한 에너지를 만들어 내는 산화반응에 의해서 탄산가스와 물로 변하는 것과 비교한다면 합성법은 훨씬 자원적인 절약이다.

에틸알코올의 탈수반응(2-1)과 관련하여 재미있는 것은, 촉매로서 점토 구성 골격의 일부인 산화칼슘(CaO)이나 산화마그네슘(MgO)의 입자를 사용하면 탈수반응이 아니라 탈수소반응을 일으켜 아세트알데히드[*6](CH_3CHO)가 된다는 것이다. 아세트알데히드는 염료, 플라스틱, 가소제(可塑劑)나 합성고무 등의 중간 원료로서 현재 대량으로 쓰이고 있는 약품이다.

$$C_2H_5OH \xrightarrow{(CaO)} CH_3CHO + H_2 \qquad (2\text{-}2)$$

산화칼슘 등은 표면이 가성소다처럼 알칼리성을 나타내므로 고체 염기촉매[*5]라고 한다. 고체촉매의 표면 성질에 따라서 반응의 선택성[*7]이 확실히 다른 좋은 예이다. 실리카, 알루미늄, 산화칼슘, 산화마그네슘 거기에다 여러 가지 금속화합물이 혼합해 있는 돌멩이라도 촉매로서는 작용하지만 선택성이 없는 이유를 이해하리라 생각한다.

1820년, 영국의 데이비(Edmond Davy, 1785~1857)는 백금가루를 알코올로 적시면 알코올에 불이 붙고 그 열로 백금이 백열하는 현상을 발견하여 백금선을 광원(光源)으로 하는 알코올램프를 만들었다. 이것이 위에서 말한 백금회로(주머니 난로)와 촉매 히터의 시초이다. 같은 원리를 응용한 것으로 알코올 라이터가 있다. 작은 알코올 용기의 뚜껑 안쪽에 가느다란 백금선이 붙어 있어 뚜껑을 열고 용기의 입구에 백금선을 가까이 해두면 한참 있다가 알코올에 불이 붙는 장난감이다. 백금선을 알코올의 불길로부터 떼지 않고 뚜껑을 달도록 조심하지 않으면 불이 붙지 않는다. 백금선의 표면이 오염되어 촉매작용이 없어지기 때문이다. 마찬가지로 백금을 촉매로 수소에 점화할 수 있으며 높은 열을 발생하는 것을 이용하여 램프를 만든 것은 독일의 화학자 되베라이너(Johann Wolfgang Döbereiner, 1780~1849)이다. 그는 액체의 에틸알코올에 백금가루를 넣고 공기를 불어 넣으면 타는 대신 느릿한 산화반응에 의해서 아세트산[*8](CH_3-COOH)이 되는 것을 발견했다. 이것은 재빠르게 식초 제조공업에 이용되었다. 현대용어로 표현하면 데이비와 되베라이너의 램프의 발명은 백금촉매에 의한 에틸알코올의 완전산화(탄산가스와 물이 된다)이고, 한편 되베라이너의 아세트산 제조는 에틸알코올의 부분산화(산화반응이 탄산가스와 물이 되기 직전에 멈춘다)이다. 후자인 부분산화는 화학합성용 각종 산소를 포함한 화합물 원료를 만드는 반응으로 이용되고 여러 가지 촉매가 연구되고 있다. 지금은 중요한 화학공업 중 하나로 앞으로의 발전에 큰 기대를 걸고 있다.

마가린과 양초와 휘발유 – 수소화 반응

어느 것이나 다 수소와 탄화수소를 원료로 하는 제품이다.

1897년, 프랑스의 노벨 화학상 수상자 사바티에(Paul Sabatier, 1854~1941)는 공동연구자인 산드란과 함께 벤젠[*10]등 액체 상태의 불포화 탄화수소[*9]에 니켈 금속 가루를 넣어 수소를 뿜어 넣으면 포화 탄화수소[*9]가 된다는 것을 발견했다.

불포화 탄화수소와 수소의 혼합물은 그에 함유된 것과 같은 수의 탄소원자와 수소원자로 이루어져 있는 포화 탄화수소(예를 들면 에틸렌과 수소의 등량혼합물 $C_2H_4 + H_2$와 같은 원자를 같은 수로 가지고 있는 화합물은 에탄 C_2H_6이다)에 비해서 에너지 상태가 훨씬 불안정하기 때문에 반응이 일어나기만 하면 거의 100%의 포화 탄화수소가 된다. 그러나 수소와 산소의 경우와 마찬가지로 혼합한 것만으로는 반응하지 않지만 니켈과 같은 적당한 촉매가 있으면 이른바 수소화(水素化) 반응을 일으켜서 포화 탄화수소로 바뀌고 이때 반응열(反應熱)[11]로서 여분의 에너지를 방출한다.

$$C_2H_4 + H_2 \xrightarrow{(Ni)} C_2H_6 + 41.3\text{kcal} \qquad (2\text{-}3)$$

시바츄 등이 최초로 발견한 반응은 수소화 반응이다.

$$\text{⌬} + 3H_2 \xrightarrow{(Ni)} \text{⬡} \qquad (2\text{-}4)$$

그의 수소화 촉매의 발견은 그 후 인공 버터 등 경화유(硬化油) 제조공업으로 발전했다.

야자기름, 콩기름 등 식용기름의 대부분은 불포화결합을 가진 지방을 다량으로 함유하고 있어서 녹는점(고체가 녹는 온도)이 낮고, 따라서 실온에서는 액체 상태이다. 더구나 황이나 질소화합물을 함유하기 때문에 악취가 나고 식용에는 부적합하다. 이 액체 상태의 기름에 니켈 가루를 분사시켜 높은 압력의 수소가스를 뿜어 넣고 가열하면 수소가 활성화되어 불포화결합에 부가되는 반응, 즉 수소화가 일어나 포화화합물이 만들어진다. 그와 동시에 불포화결합의 부분이 바뀌거나 하는 '이른바 이성화(異性化)반응'[12]이나 수소화에 의해서 탄소 간의 결합이 끊어지는 수소화 분해반응도 일어난다. 이와 같은 반응의 총결산으로서

융점이 높은 포화화합물의 혼합체로 바뀌기 때문에 실온에서 고체의 지방이 된다. 동시에 악취의 근원인 황이나 질소화합물도 수소화 분해되어 냄새가 없어진다.

콩기름, 면실(綿實)기름, 야자기름, 땅콩기름 등을 촉매를 써서 수소화하여 물리적 성질과 안전성이 개선된 포화지방으로 변화시켜 여기에 버터의 향미를 첨가한 것이 인조 버터(마가린)이다.

어유(魚油)나 고래기름을 마찬가지로 수소화하여 얻은 고형(固形)기름은 양초나 비누의 원료가 된다.

그렇다면 현대 화학공업의 근간을 이루고 있는 석유화학공업에서는 각종 화학합성품의 원료를 원유로부터 어떻게 합성하는 것일까? 그 공정은 대략 〈그림 2-1〉과 같다. 먼저 여러 가지 것을 함유한 원유를 가열하고 기화되는 온도의 차이를 이용하여 각각의 성분으로 가르는 것이 분류이다. 휘발유, 등유, 경유 등 가스로 되기 쉬운 순서로 나와서 마지막에 약 350℃에서도 가스화하지 않는 중질유(重質油)와 아스팔트가 남는다. 이렇게 하여 약 350℃ 이하의 온도에서 가스화하는 이른바 경질(輕質) 성분을 통틀어 나프타(naphtha)라 부르고 개질(改質, reforming)이니 접촉분해(cracking)니 하는 촉매 과정을 거쳐서 에틸렌이나 프로필렌 등의 화학합성 원료가 생성된다. 여기서는 실리카-알루미나(SiO_2-Al_2O_3) 등의 고체산이나 그것에 백금을 입힌 것이 촉매로 사용된다. 이 단계까지가 석유정제공업이라 불리는 공정이다.

석유정제공업에는 분류, 개질과 함께 또 한 가지 중요한 '탈황(脫黃)'

이라는 공정이 있다. 원유는 산지에 따라서 다르지만 황화합물을 몇 %나 함유하고 있어서 분류에 의해서 남는 중유(重油)에는 이것이 특히 농축되어 있다. 등유나 중유는 그대로 연료로 사용하면 이 황화합물이 산화되어 아황산가스로 배출된다. 이 가스는 동물의 호흡기를 침해하거나 금속이나 석조물을 부식하기도 한다. 또 황화합물은 개질이나 접촉분해공정 중에 치명적인 촉매독이 된다. 따라서, 이 황화합물을 분해하여 제거하는 탈황공정은 석유정제공업의 기본적인 과제이다. 현재 몰리브덴(Mo)계의 고체촉매에 의해서 황화합물을 분해하고 있으나 중질유의 탈황은 아직 충분한 해결을 보지 못하고 있다. 탈황공정의 결과 값싼 황이 석유 정제공장으로부터 대량생산되어 세계 각국의 유황광산이 폐광되었을 뿐만 아니라 시장에 쌓이는 황의 이용이 긴급한 과제가 되었다.

에틸렌이나 프로필렌으로부터 각종 화학물질을 합성하는 공정을 통틀어서 합성화학공업이라 부른다. 이 공업은 제2차 세계대전을 전후하여 원료가 석탄, 석탄으로부터 만들어지는 카바이드, 그다음 석유로 바뀜에 따라서 어지럽게 변화하고 있다. 어떻게 하면 목적하는 합성품을 효과적으로 값싼 재료로부터 대량생산을 할 수 있느냐가 합성화학공업의 중심과제로서, 이것의 발전 여부는 에틸렌 등의 제1차 화학원료를 값싸게 만들 수 있는 새로운 촉매의 개발에 달려 있다.

자동차의 엔진 등 내연기관(內燃機關)[*13]에 사용되고 있는 휘발유는 엔진을 효율적으로 움직이기 위하여 높은 압력으로 압축하더라도 자연

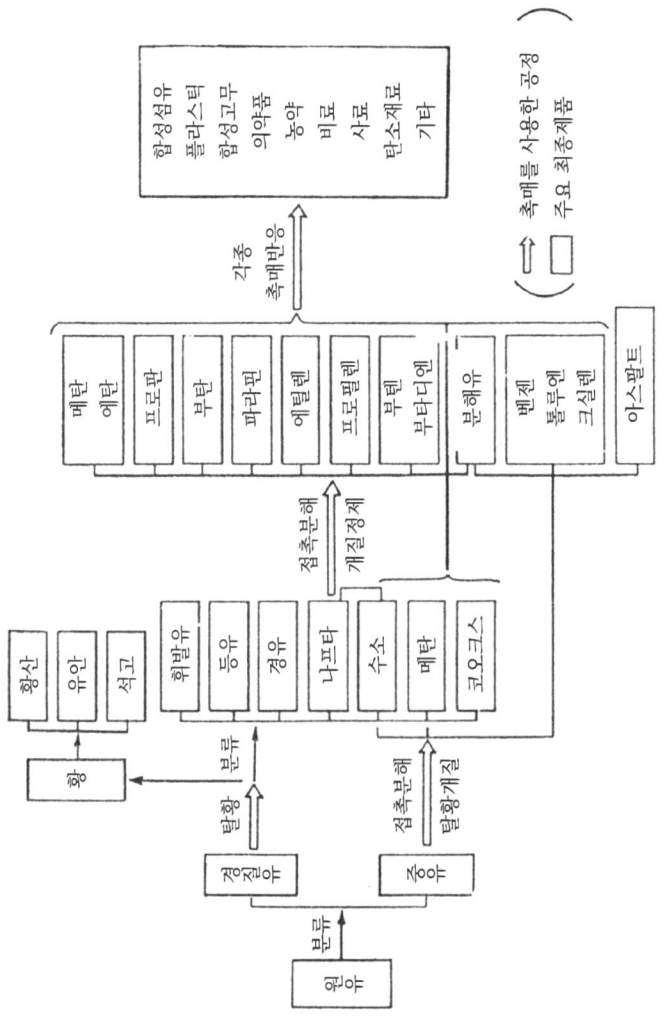

그림 2-1 | 석유화학공업·원유로부터 화학제품까지

발화를 하지 않는 옥탄가가 높은 것을 요구한다. 그 때문에 석유에 들어 있는 여러 가지 탄화수소 중 탄소가 복잡하게 연결되어 있는 긴 사슬의 분자를 수소화에 의해서 끊거나 결합을 바꾸거나 하여, 높은 압축률에도 견디는 안티녹크성이 큰 이소옥탄분자(C8H18)나 그와 가까운 부류의 화합물로 바꾼다. 이것도 석유 개질의 중요한 작업이다.

$$CH_3-\underset{\underset{CH_3}{|}}{\overset{\overset{CH_3}{|}}{C}}-\underset{\underset{H}{|}}{\overset{\overset{H}{|}}{C}}-\underset{\underset{H}{|}}{\overset{\overset{CH_3}{|}}{C}}-CH_3 \quad (-CH_3 은 -\underset{\underset{H}{|}}{\overset{\overset{H}{|}}{C}}-H 의 약기호)$$

그런데 석유파동 이래 앞으로 언젠가는 고갈될 석유에 대체할 수 있는 것으로서, 풍부하게 매장되어 있는 석탄을 석유로 만드는 석탄액화(石炭液化)의 연구가 에너지 대책의 중요한 일환으로서 활발히 진행되고 있다. 석탄은 〈그림 2-2〉에서 보는 것처럼 탄소, 수소, 산소와 소량의 질소 및 황으로써 이루어진 지극히 복잡한 유기화합물이다. 이와 같이 복잡한 망상(網狀)으로 연결된 원자의 사슬을 어떻게 효과적으로 절단하고 동시에 방해물질이며 배기 공해물질의 원천인 산소와 황을 제거하느냐가 석탄액화의 중요한 과제이다.

석유의 개질이나 석탄액화는 제2차 세계대전까지는 촉매 없이 불완전연소를 시키면서 약 800℃에서 열분해를 해서 얻어지는 성분을 이용하는 정도였다. 그러다 보니 지나치게 부스러져 코크스화하거나 타르(tar)분이 많거나 하여 휘발유 등의 유용한 성분의 수율(收率)이 낮았다.

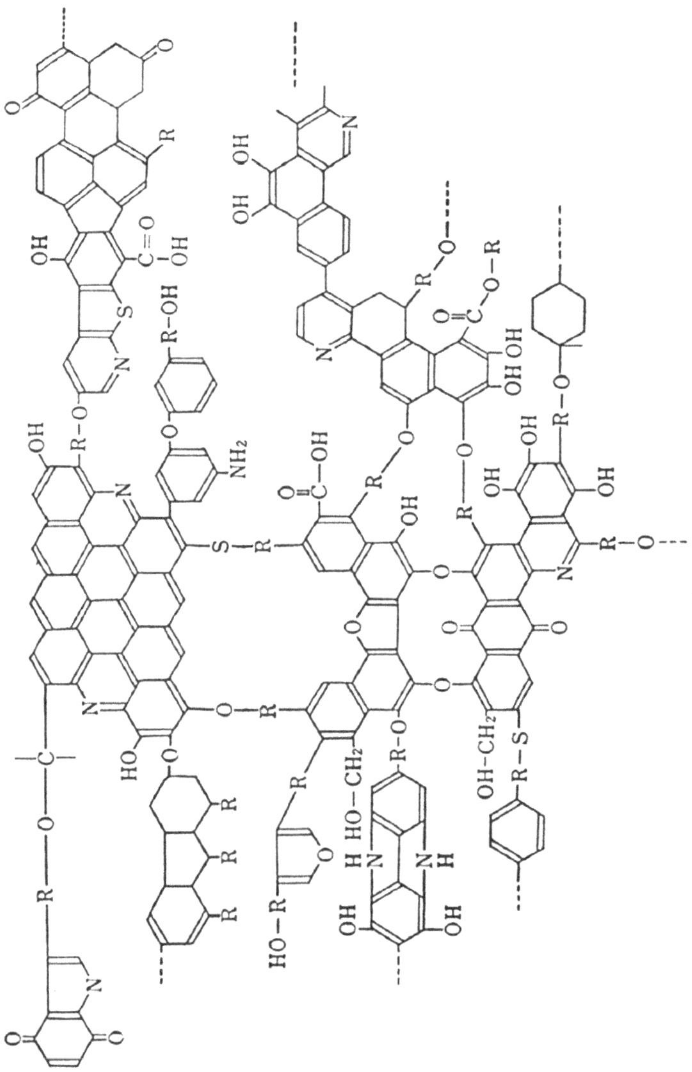

그림 2-2 | 석탄의 구조 모형(점선의 끝은 생략, R은 탄소의 사슬)

전후에는 촉매를 사용하여 높은 온도 아래서 높은 압력의 수소를 뿜어 넣어 수소화 분해나 이성화 반응을 일으켜 적당한 크기의 분자로 분해하고 수율이 좋은 휘발유나 나프타를 얻는 방법이 여러 가지로 개발되어 수많은 촉매의 개량에 관한 특허가 신청되고 있다. 어느 것이나 그 복잡성에서는 큰 차이가 없지만 경화유(硬化油)의 제조와 친척 관계에 있는 촉매반응이라고 할 수 있다.

석유공업이나 석탄액화공업은 한마디로 말하면 탄소와 수소의 화합물인 탄화수소의 공업이다. 이와 관련하여 탄화수소를 수소와 일산화탄소로부터 합성하는 공정에 대해서도 반드시 언급해 두어야 하겠다. 석탄을 탈황, 액화하는 어려운 방법을 피해 일단 철저하게 분해하면 그 속의 수소와 일산화탄소를 다시 조립하여 석유를 만들려는 시도이다.

1913년부터 독일의 일대 석탄 산지인 루루 지방의 석탄연구소의 소장이었던 피셔(Franz Fischer, 1877~1948)는 1923년 한스 트롭쉬(Hans Tropsch)와 공동으로 수소(H_2)와 일산화탄소(CO)의 혼합가스를 압축하여 알칼리를 가해서 약 400℃로 가열한 철(Fe) 촉매에 접촉시키면 물이나 탄산가스와 함께 석유가 된다는 것을 발견했다. 석유가 석탄을 산소가 부족한 상황에서 가열하면 분해되어 수소나 일산화탄소가 되므로 이 분해반응을 반대 방향으로 일으켜서 석유를 만들었다. 발명자의 이름을 따서 '피셔-트롭쉬 합성'이라고 불린다.

이 발견은 그 후 개량되어 제2차 세계대전 후에 독일이나 일본, 프랑스 등에서 공업화되어 석탄의 열분해로 얻어지는 석탄가스로부터 액체연료를 만드는 인조석유공업으로 발전했다. 전후 석유를 값싸게 살 수 있던 시대에는 거의 도외시되었으나 원유값이 올라가고 더군다나 언젠가는 고갈될 것이라는 전망으로 다시 석탄액화의 기술개발의 일환으로써 중요하게 된 것은 다 아는 바와 같다.

철 대신 코발트(Co)계의 촉매를 사용하여 반응조건을 조절하면 알코올 등의 산소가 함유된 탄화수소보다 다량으로 생성된다. 전후에는 제철용 환원(還元) 가스(H_2와 CO)를 중유로부터 만드는 일과 그것을 원료로 하는 용제용(溶劑用) 고급 알코올의 합성공업이 주체였지만 석유파동 이래 이 피셔-트롭쉬 합성은 다시 탄화수소를 주성분으로 하는 액체연료 합성법으로서 재평가되고 있다. 그러나 현재로는 석유에 비해서 비용이 비싸기 때문에 이 합성법에 의한 석유제조를 계속하고 있는 유일한 나라는 남아프리카뿐이다.

공기로부터 빵을 만든다 – 공중질소의 이용

독일의 하버와 보슈가 발명한 암모니아합성은 화약의 원료로서 제1차 세계대전의 실마리가 되었지만, 이 합성이 가져다준 가장 큰 공헌은 이 암모니아를 원료로 하여 농업에 필수적인 질소비료를 비롯한 여러 가지 질소화합물의 대량생산이 가능해진 일이다. 제1차 세계대전이 끝나고 독일의 특허가 개방되는 동시에 세계 각국에서 다투어 암모니아 합성공법이 성행하여 화학공업의 발전사(發展史)에 있어서 큰 혁명을 이루었다.

수소와 질소는 모두 안정하게 혼합하기 때문에 가열하는 것만으로는 반응하지 않는다. 혼합가스 속에서 강한 불꽃방전을 하게 되면 약간의 암모니아가 생성된다. 여기서 하버는 수소분자와 질소분자로부터 암모니아가 생성되는 반응

$$N_2 + 3H_2 \rightarrow 2NH_3$$

이 일어난다고 하면 어느 정도까지 반응이 진행된 데서 평형(화학평형[*14])에 도달하는가를 계산하여 수백 도의 온도로 압력을 올리면 약 30%가 암모니아가 될 것이라는 것을 확인했다. 그래서 이 반응을 일으키는 촉매를 여러 가지 금속에 대해 샅샅이 조사했다. 1908년 1년 동안에 약 2,500종의 고체촉매에 대해 6,500회의 실험을 반복했다고 한다. 마침내 철계(鐵系) 금속이 뛰어났다는 것을 발견하고 보슈와 함께 철, 산화칼륨(K_2O) 및 알루미늄(Al_2O_3)을 혼합한 촉매를 개발했다. 수소와 질소가 3:1인 혼합가스를 수백 기압으로 압축하여 약 500℃의 온도에서 촉매에 접촉시키면 약 20%가 암모니아로 변화한다. 암모니아를 황산에 뿜어 넣으면 황산암모니아가 된다. 이것은 현재까지도 세계적으로 가장 많이 생산되고 있는 비료이다. 비료의 대량생산에 의해서 식량생산이 비약적으로 증대한 공적에 대해 하버는 1918년에 노벨 화학상을 받고 "공기로부터 빵을 만든 사람"이라는 칭찬을 받았다. 그만큼

공적이 컸던 하버가 단지 유대계라는 것만으로 후에 나치에 의해 독일에서 쫓겨나 그 이듬해인 1934년 영국에서 여행 중 병사한 일은 비극이라고밖에 할 말이 없다.

질소를 함유하는 화합물 중에는 아미노산[*15]이라고 불리는, 동물에게는 영양상 필수적인 화합물 그룹이 있다. 옛날의 아미노산의 유일한 제조법은 동식물의 단백질을 가수분해(加水分解)하는 것이었지만 최근 십수 년 동안에 거의 모든 아미노산을 탄화수소[*16]와 암모니아로부터 합성할 수 있게 되었다. 아미노산이 만드는 고분자 화합물이 단백질이므로 단백질의 합성이 앞으로의 과제이다.

식량생산이 지구상의 폭발적인 인구증가[*17]를 따라가지 못할 것을 생각하면 촉매를 사용하여 탄산가스와 물과 공기로부터 합성한 빵과 고기가 식탁에 등장할 시대가 그리 허황된 꿈만은 아닐지 모른다.

화학섬유와 합성수지 - 중합반응

인류가 천연섬유로 짜서 만든 옷을 입기 시작하고서부터 벌써 수천 년이 지난 것에 비교하면 최근 불과 20~30년 동안 의류의 대부분은 합성섬유로 바뀌었다.

석면이나 유리섬유 등의 광물성 섬유는 따로 하고, 의류에 사용되는 천연섬유는 크게 동물성 섬유와 식물성 섬유로 나누어진다.

동물성 섬유인 양털이나 명주는 단백질로 이루어져 있다.

또 목재, 면, 삼 등 식물성 섬유는 수많은 포도당 분자가 결합해서 이루어진 가늘고 기다란 고분자 화합물인 섬유소(纖維素)의 다발이다. 황산처럼 무기산의 수용액 속에서 삶으면 산의 촉매작용에 의해서 가수분해가 일어나고 단백질로부터는 아미노산이, 섬유소로부터는 포도당이 각각 얻어진다.

1920년대에 여러 가지 천연섬유와 아세트산비닐 등의 합성수지를 연구하고 있던 독일의 슈타우딩거(Herman Staudinger, 1881~1965)는 이들 물질이 화합결합으로 연결된 거대한 분자로 이루어진 것을 발견하고, 작은 분자의 화합물이라고 주장하는 학자들과 격렬한 논쟁을 벌여 오늘날의 고분자화학의 기초를 이룩했다. 이 공적으로 그는 1953년 노벨 화학상을 받았다.

합성수지의 시초는 어느 정도 나이가 있는 사람은 잘 알고 있는 베이클라이트이다. 1872년에 바이어(Bayer)는

페놀 ◯—OH와 프롬알데히드 HCHO

를 탈수축합(脫水縮合)시키면 수지상(樹脂狀) 물질이 되는 것을 발견했다. 이어서 1882년에 미카엘은 이 반응이 수산화나트륨(NaOH) 등의 알칼리로 촉매되는 것을 발견했다. 1910년에 미국에서 이 수지에 톱밥 등을 혼합하여 부스러지지 않게 되는 가공법을 고안한 베이클랜드의 이

름을 딴 '베이클라이트'라는 이름으로 처음으로 완전히 인공합성에 의한 합성수지가 대량으로 판매되기 시작했다. 페놀을 원료로 하는 수지 공업은 지금도 합성수지 공업계에서 지도적 지위를 확보하고 있다. 이것과 비교해서 전쟁 전에 유행하던 셀룰로이드나 인조견사는 원래 천연 고분자인 섬유소(셀룰로오스)를 화학적으로 가공, 개조하여 성형(成型)한 것으로서 진정한 의미의 합성수지라고는 말할 수 없다.

1920년 미국의 존(John. G. S)은 베이클라이트 제조에 쓰이는 페놀 대신 요소(尿素)를 사용하면 투명한 수지가 된다는 것을 발견했다. 8년 후에 이것이 유기초자(有機硝子)로서 시장에 나왔다.

그런데 동물성 섬유를 모방한 대표적 합성품이 나일론이다. 아미노산이 산(酸) 아마이드 결합($-\overset{\overset{O}{\|}}{C}-\overset{H}{N}-$ 의 굵은 줄의 결합)으로 연결된 고분자 화합물인 단백질로부터 동물성 섬유가 만들어진다는 것을 알게 된다면 연구자들은 의당한 일로서 아미노산 또는 그와 비슷한 화합물을 산아마이드 결합에 의해서 연결하면 천연의 것보다 훨씬 좋은 섬유를 합성할 수 있지 않을까 하고 생각하게 된다. 1936년에 미국의 뒤퐁사의 캐러더스(H. Wallace Carothers, 1896~1937)는

$$\text{티아민} \quad NH_2 \cdot (CH_2)_6 \cdot NH_2 \text{ 와}$$
$$\text{아디핀산} \quad COOH \cdot (CH_2) \cdot COOH$$

의 혼합물을 가열하면 탈수 축합하여 이 두 분자가 교대로 아마이드 결

합으로 연결되어 섬유재료로서 훌륭한 고분자 화합물이 된다는 것을 발견했다. 나일론이 바로 이것이다. 탄소원자의 수가 6개인 티아민과 마찬가지로 6개의 아디핀산으로부터 만들어지는 것이므로 6.6나일론이라 불린다. 그 후 여러 가지로 개량되어 6.10나일론, 6나일론, 11나일론 등이 만들어졌다. 마지막 두 가지는 n이 5개와 10개의 단위화합물인 N과 C가 결합하여 고리형을 한 분자(락탐이라고 한다)

$$\overline{HN \cdot (CH_2)_n \cdot CO}$$

의 중합물(重合物)이다.

사슬처럼 길게 규칙적으로 연결된 중합물은 주로 섬유 등으로 성형되고 3차원적으로 아무렇게나 연결된 중합물은 합성수지나 접착제의 원료로 사용된다.

고무는 식물에 기원하는 고분자 화합물인데 이것도 나일론의 발명 이전에 합성되었다. 콜럼버스가 제2차 아메리카 원정 도중 아이티 섬에서 천연고무의 공을 사용한 공놀이를 토인들부터 배웠다는 이야기가 있듯이, 고무의 수액으로부터 채취되는 천연고무는 옛날부터 알려져 있었다. 20세기 초에 천연고무는 이소프렌 분자가 (2-4) 식에서와 같은 이중결합을 펼쳐서 연결된 고분자 화합물이라는 것을 알게 되었다. 또 1920년에 독일의 쿤(Richard Kunn, 1900~1967)이 염화코발트($CoCl_2$)와 염화알루미늄(AlC13)의 혼합물을 촉매에 사용하면 이소프렌으로부터

고무가 합성된다는 것을 발견했다.

$$n \left(\begin{array}{c} H \\ | \\ C=C-C=C- \\ | \quad | \quad | \\ H \quad H \quad H \end{array} \begin{array}{c} CH_3 \quad H \\ \end{array} \right) \xrightarrow{촉매} \left(\begin{array}{c} H \quad CH_3 \quad H \quad H \\ | \quad | \quad | \quad | \\ -C-C=C-C- \\ | \quad \quad \quad | \quad | \\ H \quad \quad H \quad H \end{array} \right)_n$$

(2-5)

 이소프렌은 석탄이나 석유를 분해하여 얻을 수 있다. 그 이전에는 카바이드와 물에서 생성되는 아세틸렌이 원료였다. 이와 같이 1930년 이후에 불포화탄화수소가 대량으로 석유로부터 만들어지게 되어, 이것을 원료로 합성섬유나 플라스틱을 만들기 위한 촉매가 연달아 발견되었다. 그래서 지금은 천연으로 존재하지 않는 여러 가지 중합물 제품이 우리 주변에 범람하게 되었다. 그 대표적인 것이 폴리에틸렌이다.

 에틸렌을 높은 온도로 가열하면 기름 모양의 중합물이 얻어진다는 것은 이미 1853년에 마그너스(Heinrich Gustav, Magnus, 1802~1870)가, 이어서 1886년에 미국의 A·G·디가 발표했다.

 1933년에 영국의 대표적 화학공업회사인 ICI사의 연구실에서 스티렌[16]의 고압 합성실험을 하고 있던 포셋(Eric Fawcett)과 깁슨(Reginald Gibson)은 고압용기의 안쪽에 흰 고형물이 붙어 있는 것을 우연히 발견하고 그것이 에틸렌의 중합물이며 미량으로 혼합되어 있던 산소의 촉매작용에 의해서 에틸렌이 중합된다고 판명했다. 이것이 폴리에틸렌 합성의 시초였다.

$$n(\mathrm{H_2C{=}CH_2}) \rightarrow (-\mathrm{CH_2{-}CH_2{-}})n$$

전쟁 중 일본에서도 이것의 실용화를 추구한 적이 있었다. 격추한 미국 군용기의 전기계통에 지극히 우수한 절연재료가 사용되고 있는 것을 안 일본군은 서둘러 연구에 착수했다. 에틸렌 중합물이라는 것이 알려지고 몇 편의 문헌을 토대로 합성에 착수했으나 에틸렌의 순도, 미량인 산소의 조절, 고압기술(2,000기압, 200℃) 등의 제반 문제의 해결에 시간이 걸려 패전 때까지 성공하지 못했다.

전후에 에틸렌의 저압 중합물이 개발되고부터 폴리에틸렌 공업은 비약적으로 발전했다. 즉, 1877년 염화알킬 RCl(탄화수소분자(RH) 속의 H가 염소(Cl)로 치환된 것, 예를 들면 메탄(CH_4)에 대해서는 CH_3Cl)과 금속 알루미늄(Al)의 반응을 연구하고 있던 프랑스의 화학자 프리델(Charles Friedel, 1823~1899)과 크래프츠(James Mason Crafts, 1839~1819)는 무수 염화알루미늄($AlCl_3$)이 불포화 탄화수소분자 속에서 불포화결합을 이루고 있는 탄소원자에 알킬기(-R)나 아실기(-COR)를 부가하는 반응을 촉매한다는 것을 발견했다. 이어서 여러 가지 금속의 염화물도 마찬가지 촉매작용이 있다는 것을 알게 되었다. 이것이 '프리델-크래프츠 반응'이라고 불리는 촉매반응의 한 무리이다.

이 반응의 중간단계에서는 촉매인 금속원자에 탄화수소가 결합된 이른바 유기금속화합물이 생성되는 것을 상상할 수 있다. 1930년경부터 유기금속 화합물의 합성과 그것의 화학반응성을 조사하고 있던 독일의 막스 플랑크 연구소의 소장이던 치글러(Karl Ziegler, 1898~1973)는 1953년에 3에틸알루미늄(Al(C$_2$H$_5$)$_3$)과 4염화티탄(TiCl$_4$)의 혼합물을 포화 탄화수소의 액에 분산시켜 약 70℃로 1기압의 에틸렌가스를 뿜어 넣으면 결정성이 좋은 폴리에틸렌이 된다는 것을 발견했다. 이것이 '치글러법'이라고 불리는 저압 에틸렌 중합법이다. 1954년에 이탈리아의 나타(Giulio Natta, 1903~1979)는 치글러 촉매를 개량하여 프로필렌을 규칙적으로 정확하게 중합시키는 데 성공했다.

$$n\,(CH_2=CH-CH_3) \longrightarrow$$

$$CH_2=\underset{H}{\overset{CH_3}{C}}-CH_2-\underset{H}{\overset{CH_3}{C}}-CH_2-\underset{H}{\overset{CH_3}{C}}-CH_2-\underset{H}{\overset{CH_3}{C}}-\cdots$$

(2-6)

이 중합에서는 프로필렌분자 중 에틸기(—CH$_3$)가 중합물의 탄소사슬의 한쪽 방향에만 배열되는데, 이것을 '이소택틱 중합(isotactic polymerization)'이라고 한다.

$$CH_2=\underset{H}{\overset{CH_3}{C}}-CH_2-\underset{CH_3}{\overset{H}{C}}-CH_2-\underset{H}{\overset{CH_3}{C}}-CH_2-\underset{CH_3}{\overset{H}{C}}-\cdots$$

이것에 대해서 하나씩 건너뛰어 반전하고 있는 신디오택틱(syndiotactic) 중합이나 메틸기의 위치에 규칙성이 없는 어택틱 중합(atactic polymerization)도 일어나지만, 이들은 결정성이 낮아서 성형이 되지 않기 때문에 합성섬유나 합성수지로서는 실용적이지 않다. 그래서 어떻게 수율성이 좋게 이소택틱 중합을 하게 하느냐가 커다란 기술적인 문제이며, 이와 관련하여 여러 가지 촉매 개량이 행해지고 있다. '치글러-나타 촉매'라고 불리는 한 무리가 이것이며 여러 가지 α올레핀(이중결합이 분자의 말단에 있는 탄화수소)과 기타 화합물을 재료로 해서 다양한 합성수지공업이 전개되었다. 폴리스틸렌, 폴리우레탄, 폴리에스테르, 폴리에틸렌 테레프탈레이트, 폴리염화비닐 등 '폴리'라는 이름이 붙는 것이 그 제품을 만든 회사에 따라 테트론, 엑슬란 등 여러 이름으로 상품화되어 있다. 앞서 말한 천연고무와 같은 것이 석유의 이소프렌으로부터 합성된 것은 말할 나위도 없다. 치글러와 나타는 이 입체적이고 규칙적인 중합을 이루는 촉매를 개발한 업적으로 1963년 노벨 화학상을 받았다.

화학 합성원료 전환의 성패는 새로운 촉매의 개발에 달려 있다

패전에 의해서 철저하게 괴멸된 일본의 화학공업은 1955년을 지나면서부터 값싼 석유의 대량 수입과 해외 기술을 도입하여 실시한 강행

공사에 힘입어 급속히 발전했다. 그리고 그 내용은 전쟁 전과 전후에 있어서 근본적인 변혁을 가져왔다. 말하자면 카바이드와 석탄의 화학으로부터 석유화학으로 전환한 것이다.

지금까지 말한 여러 가지 예로부터 알 수 있듯이 1920년대까지의 화학공업은 발효나 간단한 화학가공 등, 자연의 산물로부터 추출·가공하는 것이 주된 것이었다. 그것과 병행하여 발달한 것이 아세틸렌을 원료로 하는 합성화학공업이다.

석회석을 코크스와 함께 높은 온도로 가열하면 카바이드가 되고, 그것에 물을 넣으면 아세틸렌이 발생한다. 나이 든 사람들은 전쟁 전의 야시장에 불을 밝히던 아세틸렌 램프의 냄새를 회상할 것이다. 품질이 좋은 석회석을 생산했고 수력발전에 의한 전력의 여유가 있었던 전쟁 전의 일본에서는 이런 방법으로 만든 아세틸렌이 합성화학공업의 주된 원료였다.

코크스는 석탄의 건류(乾溜)에 의해서 만들어진다. 이때 기화하여 방출되는 벤젠, 톨루엔, 크실렌 등이 방향족(芳香族) 탄화수소로부터는 각종 용제(溶劑)와 의약품 등이 합성된다.

전후 경제의 고도성장 때쯤의 화학공업은 완전히 양상을 달리하여 에틸렌, 프로필렌 등 석유에 기원하는 불포화 탄화수소로부터의 합성으로 바뀌었다. 이와 같이 종래의 화학공업은 시대적으로 보거나 원료별로 보더라도 자연물 추출의 화학, 아세틸렌화학, 석탄화학과 석유화학 등으로 나눌 수 있다.

최종적인 합성품이 같더라도 출발물질이 다르면 합성방법도 달라진다. 값싼 원료와 보다 간단한 공업공정으로 전환하는 데에는 새로운 촉매의 발견이 결정적인 역할을 하게 된다.

새로운 촉매의 개발에 의해서 원료가 비싼 아세틸렌 대신 값싼 석유로부터 얻어지는 에틸렌으로 전환된 대표적인 예를 두 가지만 소개하겠다. 속옷, 양복천, 담요, 카펫 등 광범위한 용도를 가진 아크릴로니트릴계의 화학섬유는

$$\text{아크릴로니트릴}: \begin{array}{c} H \\ | \\ C \\ | \\ H \end{array} = \begin{array}{c} H \\ | \\ C \\ | \\ CN \end{array}$$

이 중합된 고분자 화합물이다. 이 물질은 1950년대까지는 아세틸렌($HC \equiv CH$)의 불포화결합에 청산(HCN)을 부가하여 만들었다. 그러나 이 방법은 1960년에 미국의 스탠다드 석유회사에서 개발한 소하이오(Standard Oil of Ohio, Sohio) 방법에 의해서 몇 해도 가지 못했다. 왜냐하면 석유에서 얻는 값싼 프로필렌과 암모니아를 원료로 하여 몰리브덴계의 촉매를 통해 수율성이 높은 아크릴로니트릴이 합성되었기 때문이다.

각종 약품, 염료, 수지, 고무 등의 원료로서 중요한 아세트알데히드는 종래 황산수은을 촉매로 하여 아세틸렌과 물에서 합성되고 있었다. 이 수은이 공장의 폐수와 함께 바다로 흘러나가 미나마타병(水俣病)을

일으켰다고 한다.

서독의 슈미트는 염화팔라듐과 염화구리를 녹인 물에 에틸렌과 산소를 뿜어 넣으면 수율성이 높은 아세트알데히드가 된다는 것을 발견했다. 1959년에 서독의 헥스트와 워커의 두 회사에 의해서 공업화된 것이므로 '헥스트-워커법'이라고 명명되었다.

에틸렌이 팔라듐이온에 결합함으로써 산화되기 쉬워지는 것을 이용하는 금속착체(錯體)촉매의 대표적인 예이다. 염화팔라듐이 촉매로서 작용하는 것이지만 그 기구에 대해서는 제6장에서 설명하기로 한다. 그뿐만 아니라 당시에는 누구도 알아채지 못했던 공장폐수에 녹아든 수은이 세계를 놀라게 하고 있는 미나마타병의 원인이라는 것을 생각할 때 헥스트-워커법은 공해가 없는 아세트알데히드의 합성법이다. 또 에틸렌의 순도를 생각하지 않아도 된다는 점에서는 매우 유리한 방법이다.

에틸렌 대신 프로필렌에 헥스트-워커법을 적용하면 중요한 화학원료인 아세톤이 생긴다.

$$CH_2=CH-CH_3 + \tfrac{1}{2}O_2 \longrightarrow \begin{matrix} CH_3 \\ \diagdown \\ C=O \\ \diagup \\ CH_3 \end{matrix} \quad (2\text{-}7)$$

연금술과 촉매

촉매의 연구는 화학이라는 기초 위에 서 있지만 그 화학체계가 서기 시작한 것은 겨우 16세기에 들어서면서부터였다. 그때까지 약 1,200년에 걸친 긴 세월 동안에 실내 장식공으로 교회에 고용되어 있었던 연금술사들은 '현자의 돌'을 찾고 있었다. 납과 같은 흔한 금속을 금과 같은 귀금속으로 바꾸거나 초목이나 돌로 불로장수의 약을 만든다는 소망을 이루어줄 마법의 약을 찾으려는 것이었다.

20세기에 들어와서 급속히 발달한 합성화학공업이 부식(腐蝕)에서도 금보다도 강하고, 물리적인 강도는 쇠보다 뛰어난 중합물을 만들고 있다는 것과 이것들이 모두 촉매에 의해서 제조가 가능하다는 것을 생각한다면 촉매야말로 '현자의 돌'이라고 할 수 있다.

화학합성품의 대부분은 부식에 견디는 뛰어난 성질, 파괴에 견디는 성질 등 때문에 자연계의 물질순환으로부터 완전히 벗어난 물질이라는 것을 생각하면, 지금까지 선진국의 사회가 해왔던 합성품의 대량생산과 쓰고 버리는 소비활동은 바야흐로 중대한 반성기에 접어들었다고 할 수 있겠다. 자연의 물질순환의 능력에는 한계가 있다. 그 한계를 넘어서 인간이 만들어낸 물건들을 다시 한번 분해하여 효과적으로 재이용하는 별개의 물질순환 시스템을 만들어야 할 필요가 있다. 이것을 가능하게 하는 것도 촉매의 역할이다. 이것에 관해서는 제3장에서 언급하기로 한다.

제3장

에너지의 위기와 환경 문제, 그리고 촉매

자원 절약, 에너지 절약의 문제

석유파동에 휩쓸린 선진국 중에서 일본은 〈그림 3-1〉에서 볼 수 있듯이 전후 고도성장의 원동력이었던 에너지원 중 약 80%를 수입 석유에 의존하고 있으므로 석유파동에 의한 위기의식은 심각했다.

자원 절약, 에너지 절약 시대는 말로만 뻔질나게 떠들어댔지만 그것을 액면 그대로 받아들인다면 자원과 에너지의 절약이다. 즉, 현대 기술을 구사해 인류가 사용할 수 있는 지구상의 자원과 에너지에는 한도가 있으므로 그 사용량을 절약하는 것이라고 할 수 있다. 석유파동을 전후하여 영국, 미국, 프랑스, 서독 등에서는 재빨리 석유 수입의 억제, 자동차의 속도와 사용의 제한, 나아가서는 건물의 조명이나 열관리 향상에 대한 여건 조성 등 당면한 에너지 절약의 대책을 수립했다. 일본에서는 정책적으로는 아직 손을 쓰지 않고 있으나 물가 상승으로 인해 소비는 자동적으로 절약하게 되었다.

석유값이 대폭 상승함으로써 지금까지 가격이나 품질면에서 석유에 대항할 수 없었던 석탄, 오일 셰일(oil shale, 유기화합물이 30~60%나 들어 있어 기름을 방출하는 퇴적암의 일종) 및 태양열 등과 같은 에너지원의 이용을 진지하게 다루게 되었다.

사용량을 절약할 뿐 아니라 기술의 개발에 의해 사용할 수 있는 자원과 에너지의 범위를 확대하려고 하고 있다. 이 기술 개발에 있어서는 촉매에 기대하는 바가 크다.

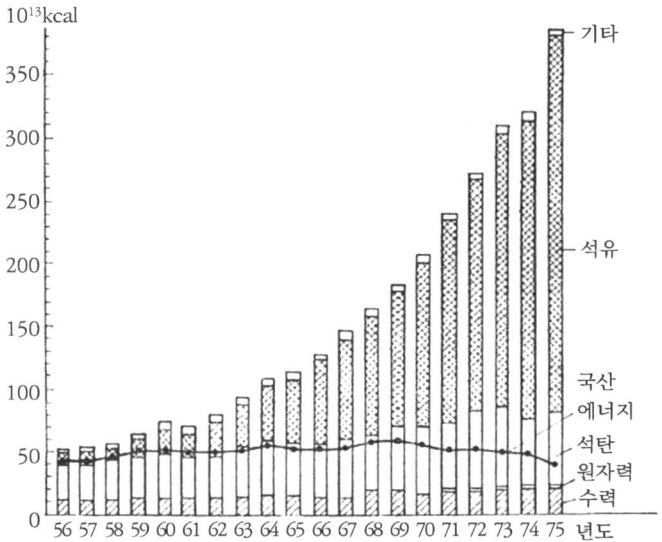

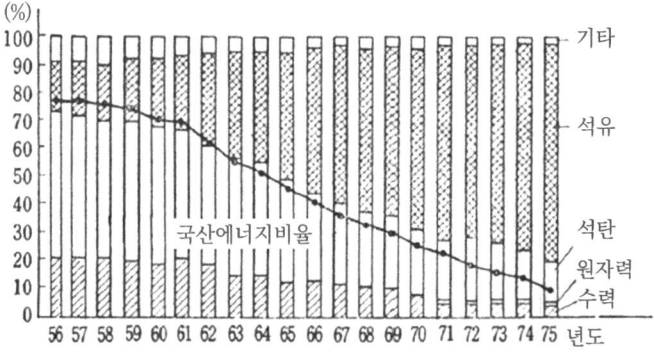

그림 3-1 | 일본의 에너지 소비량의 내역(통상산업성 〈일본의 에너지 문제〉에서)

여기서 에너지 수급의 장래는 환경 문제라는 중대한 일면을 도외시하고는 생각할 수 없다. 국토가 아주 작은 공업국인 일본에서는 더욱 그렇다. 일본의 에너지 소비량은 1965년부터 9년 동안 2.4배로 팽창했다. 이와 같은 신장은 세계 평균값의 2배 이상이다. 앞으로의 신장률을 연평균 5%로 억제하더라도 서기 2,000년에는 현재의 약 10배에 달할 것으로 예상하고 있다. 거기서 일본의 에너지 소비량의 내역을 살펴보면 현시점에서 약 60%가 산업용, 20%가 민생용(民生用)인데, 다른 공업국에서는 산업용이 30~40%인 것과 비교하면 일본은 두드러지게 산업중점적이다. 따라서 장래 일본의 국민 생활 수준이 구미 제국의 정도를 목표로 한다면 에너지의 민생 소비량은 비약적으로 증가하게 되고 여기서 국토가 작다는 점이 경우에 따라서는 치명적인 환경 문제를 불러일으킬지도 모른다. 1972년의 유엔 통계에 따르면 1971년 일본의 국민 1인당 에너지 소비량은 미국의 약 7분의 1이다. 그러나 국토의 너비가 다르므로 국토 1㎢당으로는 1959년에 일본이 1,000, 미국이 200(석유 kl로 환산) 1972년에는 일본이 2,600, 미국 300으로서 일본은 약 10년 동안에 미국의 5~8배로 증가하고 있다. 환경 오염이 같은 면적당 에너지 소비량과 거의 비례한다고 보아도 되므로 일본에서의 국민 생활 향상과 환경 문제와의 관계가 얼마나 심각한가를 알 수 있다. 따라서 설령 석유보다 값이 비싸더라도 환경을 오염시키지 않는 깨끗한 에너지의 개발과 여러 가지 합성품의 폐기물의 회수 및 재이용의 개발이 시급한 과제이다. 이러한 면에서도 새로운 촉매의 개발에 큰 기대를 걸게 된다.

그런데 자원 절약, 에너지 절약 문제에 또 하나 커다란 문제가 있다는 것을 지적한 것은 1972년의 로마클럽(구 미와 일본의 학자 유지들의 모임)에서 제기된 세계의 식량 위기론이다.

1971년, 인구 1인당 연간 에너지 소비량은 일본이 342(석탄, 톤)임에 비해서 아프리카나 베트남에서는 불과 5, 남미나 동아시아 제국은 10 정도의 낮은 수준이며 폭발적인 인구증가에 따라서 더욱 심각해질 것이 틀림없다. 또 저수준 지역에서는 귀중한 식료품인 곡물을 선진국은 동물의 먹이로 수입해서 수율이 고작 몇 %밖에 안 되는 동물성 단백질로 바꾸어서 먹고 있다.

로마클럽이 지적하듯이 인류의 생존을 보장하기 위해서는 선진국의 경제성장과 되돌릴 수 없는 근대화를 억제하는 것이 필요한 일일지도 모른다. 현재 수준의 식생활을 유지하려면 합성식품도 감수해야 한다는 것을 뜻한다. 만일 그것이 싫다면 생활 수준을 낮추어야 한다. 예를 들면 쌀이나 식용육 생산에서 볼 수 있듯이 품질이 좋은 쌀이나 고기를 생산하는 데 많은 노력을 들이지 않으면 생산자로서 채산이 맞지 않는 그런 방법을 버리고 맛은 떨어지더라도 다수확 품종 쌀이나 다산계 식육을 생산하는 식의 변혁방법은 우리 주변에 얼마든지 있다.

현시점에서 식료품을 인공적으로 합성한다는 것은 자연계에서 행해지고 있는 식료품 합성의 주역을 맡고 있는 효소를 대신할 촉매를 개발하는 것 외에는 방법이 없다. 탄산가스와 물에서 탄수화물이나 지방산을 만들고, 공기 속의 질소를 취해서 아미노산을, 그리고 그것을 규칙적으로 중합시켜 단백질이나 지방을 만들 수 있는 촉매의 개발이 필요하다.

그러나 이런 것들의 화학변화가 생체 내에서 1년 이상을 요하는 느린 것으로는 곤란하다. 자연계의 물질순환을 공장 안에서 단시간 내에 대량으로 처리할 수 있는 촉매의 개발이 필요하다.

환경 문제와 촉매

영국에 서식하는 대형 나방의 날개는 농촌지대에서는 밝은 황록색을 나타내지만 공업지대에서는 약 100년쯤 전부터 흑갈색을 나타내기 시작하여 지금은 약 90%가 흑갈색이라고 한다. 그 이유는 이 나방이 휴식하는 나무의 껍질이 검게 그을려 밝은 날개가 눈에 띄어 새의 먹이가 되어버리는 자연도태의 결과가 나타났다. 이와 같은 사실에 '공업 암화(暗化)'라는 이름을 붙여 생물의 자연 선택에 대한 좋은 예로 삼고 있다. 필자가 통근하고 있는 일본의 홋카이도대학 캠퍼스에도 명물이었던 물파초와 많은 초목이 고작 20~30년 사이에 고추잠자리와 함께 자취를 감추어버렸다. 주변의 도시화에 의해서 지하수의 수위가 낮아졌기 때문이다. 인간은 무의식중에도 자연을 바꿔놓고 있다. 하물며 인구가 폭발적으로 급증하고 농업이나 수산업에서의 약탈적인 수확, 공업에서 쓰고 버리기를 전제로 한 생산과 소비는 자연환경을 크게 바꾸고 황폐하게 만들어버렸다. 자연에 준 이 변화가 인류의 생존에 불리하게 되돌려받고 있다는 사실을 알아채게 되었을 때 비로소 사람들은 이것을 공해라고 부르고 그 책임자를 찾아내 규탄의 소리를 지른다. 그러나 일단 익숙해져 버린 생활의 편리성을 되돌린다는 것은 거의 불가능한 일이다. 이는 대기오염이 진행되는 가운데 자동차나 화력발전이 계속 증가하고 있는 것을 보기만 해도 충분히 확인할 수 있다. 당장에는 지금까지의 생산양식을 인정하면서 환경오염이나 파괴를 최소한으로 억제하는 방책을 찾는 데 힘을 기울여야 한다.

지금 환경대책 중에서 촉매에 가장 기대를 걸고 있는 것은 소극적인 것으로는 배기가스, 폐수, 폐기물 등의 무공해화 처리 문제이다. 적극적으로는 자원 절약에서 말한 것처럼 쓸데없는 것을 만들지 않는 선택성이 높은 새로운 촉매공정의 개발이다. 이 경우 합성수지처럼 자연계가 소화할 수 없는 합성물질에 대해서는 폐기물을 내지 않는 물질순환공정을 지향하는 것이 특히 필요하다.

자원과 에너지의 절약

공업공정(工業工程)의 생산성을 높이는 것으로서 자원과 에너지의 낭비를 줄이기 위해 촉매의 개량이 어느 만큼이나 기여할 수 있느냐를 알아보자.

모든 합성 화학공업에 적용되는 것이지만 우수한 촉매를 사용해도 원료 모두 다 목적하는 물질로 변화하는 것은 아니다. 원료의 몇 %에서 많게는 수십 %가 쓸데없는 물질이 되어버린다. 만들어진 혼합물로부터 목적하는 물질을 분리, 정제하는 데에도 숱한 에너지를 소비한다. 따라서 목적하는 물질을 높은 수율로 만드는 일(촉매 선택성의 향상), 그것을 위한 반응속도를 크게 해서(촉매 활성의 향상) 대량생산이 가능하게 하는 일, 일단 반응탑에 채워 넣은 촉매가 가능한 한 계속해서 장기간 사용될 것(촉매의 수명 연장) 등이 자원 절약, 에너지 절약 시대의 촉매로서 필수적인 조건이다. 또 대부분의 촉매반응은 선택성과 활성(活性)을 높이는 데에 400~500℃의 높은 온도와 수백 기압의 높은 압력 아래서 행해지기 때문에 대기의 온도와 압력 아래서 반응이 진행될 만한 촉매를 발견한다는 것은 가열과 압축을 위한 에너지와 그것에 필요한 장치를 생략할 수 있다는 뜻이므로 그 자체가 막대한 에너지 절약이 된다. 예를 들어보자.

암모니아합성용 촉매는 미량의 일산화탄소에 의해서 효력을 잃는다. 그래서 원료인 수소에 혼합되는 일산화탄소를 미리 수 ppm 이하로 줄이는 데 큰 고생을 겪고 있다. 이 난제는 수소가스 속의 일산화탄소를 훨씬 간단하게 제거할 수 있는 동시에 메틸알코올로 바꾸는 아연계(亞鉛系)촉매의 발명으로 단번에 해결되었다.

폴리에틸렌이나 폴리프로필렌 중 합성수지나 섬유로서 성형할 수 있는 것은 결정성이 좋은 이소택틱(2-6식 참조)의 중합성분이며 이것을 추출하거나 촉매를 분리하거나 하는 데에 많은 장치와 에너지가 사용된다. 촉매의 성능이 좋아져서 적은 촉매로 원료의 전부를 이소택틱의 중합물로 사용할 수 있다면 중합물의 정제나 촉매의 분리조작이 불필요해지고 반응의 온도와 압력도 내릴 수 있게 된다. 또 쓸데없이 버리는 것도 없어지므로 자원 절약과 무공해화로도 이어진다. 거의 기술개발이 완성된 것처럼 보이는 치글러-나타촉매의 개량에 현재도 수많은 학자들이 밤낮으로 연구에 몰두하고 있는 것은 이 때문이다. 요 몇 년 동안에 이루어진 이 분야의 성과는 눈부시다.

일산화탄소와 수소로부터 메탄올을 만드는 공업으로서 종전에는 아연 크로마이트($ZnO \cdot Cr_2O_3$)를 촉매로 하여 약 400℃, 400atm(기압)으로 반응시키고 있었으나, 이 촉매에 소량의 산화동(CuO)을 가함으로써 반응조건을 250~350℃, 40~60atm으로 낮출 수 있게 되었다.

합성화학공업의 문제에서 에너지 절약과 더불어 또 한 가지 중요한 것은 몇 단계나 되는 복잡한 공정으로 합성하고 있는 최종 생성물을 훨씬 간단한 공정, 가능하면 1단계 공정으로써 단번에 합성하는 방법의 개발이다. 〈그림 3-2〉는 나프타(합성화학용 경질유) 100ℓ로 만들어지는 화학제품의 종류와 수량을 나타낸 것으로, 선으로 이은 제조공정의 대부분이 촉매반응이다. 석유파동으로 수입 원유의 값이 몇 배로 뛰었지만 그것으로부터 만들어지는 와이셔츠나 나일론 값의 대폭적인 앙등을 어떻게 억제하느냐는 것은 합성화학공업계의 골칫거리로 연구진은 촉매의 개량과 공정의 간소화를 위해 밤낮으로 연구하고 있다.

이를테면 테트론이라는 상품명으로 잘 알려진 폴리에스테르계 화학섬유 원료인 에틸렌글라이콜은 에틸렌을 은의 촉매 위에서 산화해서 생성되는 산화에틸렌으로부터 만들듯이 2단계의 공정에 의한다. 1단계 공정에서 에틸렌으로부터 직접 에틸렌글라이콜을 만드는 촉매가 개발된다면 약 20%의 에너지가 절약된다고 한다.

전기 기구나 맥주병 상자 등에 대량으로 사용되는 스티렌수지는 스티렌을 중합한 것인데 이 스티렌은 주로 나프타를 크실렌으로 개질(改質)할 때의 부산물인 에틸벤젠으로부터 다음과 같은 4단계 공정을 거쳐서 만들어진다.

$$\underset{\text{에틸벤젠}}{H_2C-CH_3 \bigcirc} \xrightarrow{\text{산화}} \underset{}{\overset{O}{\underset{\|}{C}}-CH_3 \bigcirc} \xrightarrow{\text{수소화}} \underset{}{\overset{OH}{\underset{|}{HC}}-CH_3 \bigcirc} \xrightarrow{\text{탈수}} \underset{\text{스티렌}}{HC=CH_2 \bigcirc}$$

(3-1)

한편 산화에 의해서 화합물로부터 수소를 제거하는 '산화 탈수소'라고 일컫는 촉매반응이 별도의 반응으로 알려져 있다. 그와 마찬가지로 1단계에서 스틸렌이 만들어지는 촉매를 발견한다면 30%의 에너지가 절약되고 스티렌수지의 값을 대폭 내릴 수 있을 것이다.

양모(羊毛)와 비슷한 성질을 가진 것으로 폴리아크릴아마이드계 합성

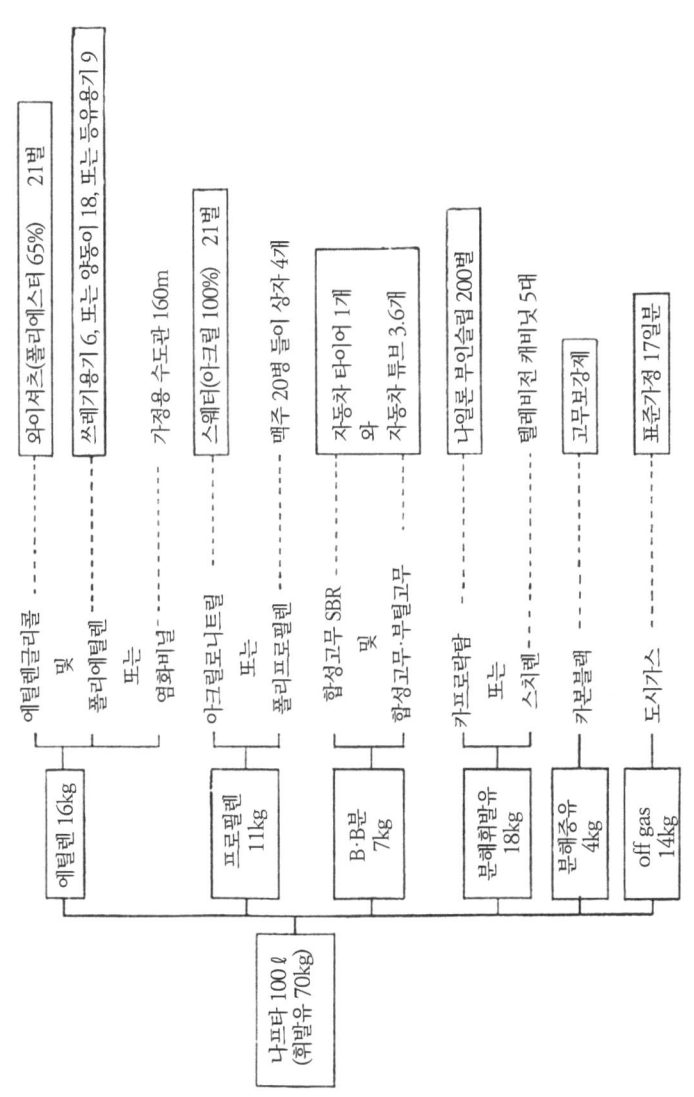

그림 3-2 | 100ℓ의 휘발유로 무엇을 만들수 있을까?(1974년 일본 석유화학공업협회)

섬유가 있다(상품명은 본넬, 엑슬란, 카네카론, 캐시밀런, 베스론 등). 이것은 아크릴로니트릴($H_2C=CH \cdot CN$)과 그것으로부터 다음과 같은 공정으로 만들어지는 아크릴아마이드($H_2C=CH \cdot CO \cdot NH_2$)와 함께 중합시킨 것이다.

$$H_2C=CH \cdot CN \xrightarrow[100°C]{황산용액중} H_2C=CH \cdot CO \cdot NH_2 \cdot H_2SO_4$$

$$\xrightarrow{NH_3 가스} H_2C=CH \cdot CO \cdot NH_2 + (NH_4)_2SO_4$$

(3-2)

제1단계 공정에서는 황산이 촉매로서 작용하고, 생성된 아크릴아마이드는 황산분자와 결합되어 있다. 이 황산을 암모니아와 반응시켜서 황산암모니아로 만듦으로써 아마이드와 분리하는 것이 제2단계 공정인데 황산촉매는 선택성이 나빠서 아크릴아마이드 이외의 물질도 생성한다. 이것들이 황산암모니아 수용액과 함께 있어서 아마이드를 결정화(結晶化)하여 분리, 정제하는 데 많은 일손과 에너지를 소비하고 있었다. 이 난점을 한꺼번에 없앤 것이 일본의 M회사의 기술이었다.

$$H_2C=CH \cdot CN + H_2O \xrightarrow[70\sim 120°C]{(구리촉매)} H_2C=CH \cdot CO \cdot NH_2$$

(3-3)

구리촉매에 의해서 니트릴이 수화(水和)되어 단번에 아마이드가 된다. 더군다나 선택률이 100%이므로 미반응의 니트릴을 가열에 의해 수화한 나머지는 순수한 아마이드 수용액이다. 중합시켜 화학섬유로 만들 때 지금까지는 아마이드 결정을 다시 물에 녹여서 사용하고 있었으므로 이 새로운 촉매법에 의해서 아마이드의 결정을 분리하는 수고가 절약되었다. 이 기술에 대해서 세계 각국으로부터 기술도입 신청이 쇄도하고 있다고 한다.

합성화학공업에는 이 밖에도 황산을 촉매로 사용하는 반응공정이 많다. 그런데 황산은 폐액에 혼입되면 공해를 일으키고 반응계로부터 제거하려면 에너지 덩어리라고도 할 수 있는 암모니아를 사용하여 값싼 황산 암모니아를 만들거나 석회와 반응시켜서 시장에 흔히 있는 석고로 만들어버리는 낭비가 따른다. 특히 황산촉매는 선택성이 나쁘기 때문에 제품을 정제, 분리하지 않으면 안 된다. 그래서 세계적으로 화학공업을 황산을 대신할 선택성이 뛰어난 새로운 촉매의 개발을 크게 앞당길 새로운 기술 중 하나로 꼽고 있다.

황산의 촉매작용이 산(酸)성질에서 기인하는 것이라면 표면이 적당한 산성질을 갖는 고체를 촉매로 사용한다면 좋지 않을까 하는 것은 당연한 일이다. 이른바 고체산촉매의 연구가 각국에서 활발히 연구되어 여러 가지 새로운 촉매가 개발되어 있다.

제2장에서 말한 것처럼 새로운 촉매의 발견이 가져다주는 효과에는 신제품의 개발뿐 아니라 원료의 전환과 합성공정의 간소화에 의한 에너지 절약 효과를 수반한다. 이런 의미에서 최근 일본의 A회사가 개발한 아디포니트릴(나일론의 원료)의 새로운 합성법은 일본 화학 기술진의 개가였다.

〈그림 3-3〉에 나타난 것처럼 아디포니트릴은 종래 벤젠이나 시클로헥산으로부터 몇 단계의 공정을 거쳐서 합성되고 그 수율은 고작 70%였다. A회사의 기술진은 프로필렌으로부터 대량생산되고 있는 아크릴로니트릴을 전기분해 탱크 속에서 두 분자를 중합시켜 아디포니트릴로 만드는 방법을 개발했다. 전기분해 탱크의 음극 쪽으로부터 아크릴로니트릴의 에멀전(emulsion, 미세한 기름방울로 분산된 상태)을 함유한 전기분해액을 넣어 보내면 출구로부터 아디포니트릴을 녹여 흡수한 기름 방울이 방출된다. 이 기름 방울을 물리적으로 파괴하면 조제(粗製) 아디포니트릴이 분리된다. A회사가 전부터 개발하고 있던 이온교환막[*18)]을 전기분해 탱크에 교묘하게 짜 넣어 전극의 촉매작용을 효과적으로 이용한 점이 특색이다. 더군다나 전극반응이므로 반응은 대기의 온도와 압력에 가까운 조건 아래서 행해져 합성공정 개발의 새로운 방향을 제시하는 것으로 세계적인 주목을 끌었다. 전극반응의 응용은 반응의 선택성을 높이는 한편 반응조건을 완화하는 것으로서 장래의 합성화학에서 크게 기대되는 분야이다.

이용되지 않고 있는 에너지의 개발

〈표 3-1〉에 보인 것은 석유나 석탄 등, 현재 세계에서 사용되고 있는 에너지의 대부분을 떠맡고 있는 화석원료(化石燃料)로서의 탄화수소

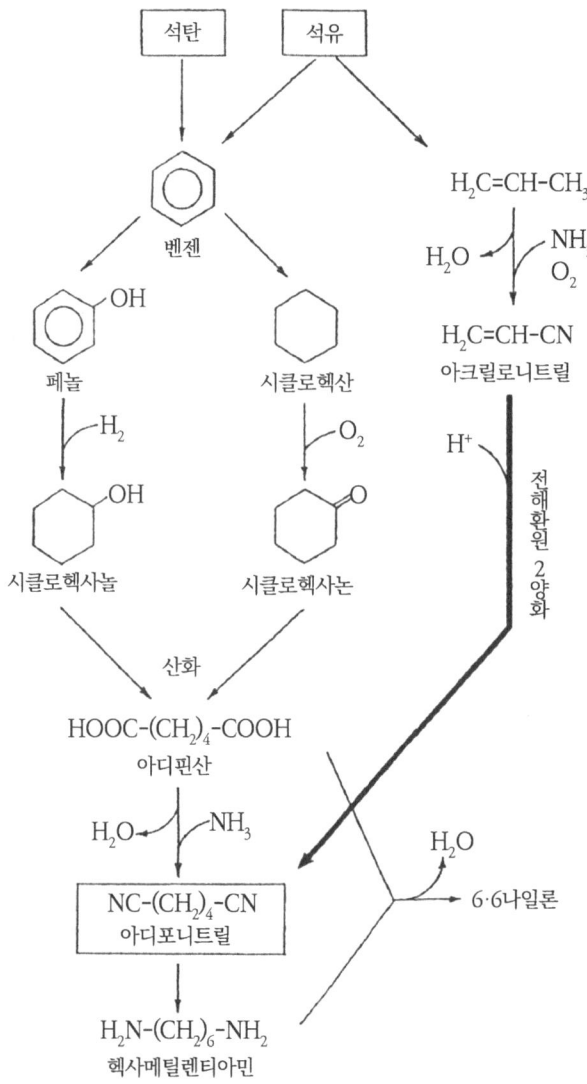

그림 3-3 | 6.6나일론 제조법

의 추정 매장량이다. 깊은 바다 밑이나 지각(地殼) 심층부에 있을 것으로 예상되는 미확인 부분이 표에 나타난 수치에 더 가산되겠지만 장기적으로는 탄화수소계 화석연료에만 의존해 있을 수 없다는 것은 명백하다. 그래도 당분간은 특출하게 양이 많은 석탄이 가장 오랫동안 쓸 수 있는 탄화수소 자원인 셈이다.

지표면에서 얻을 수 있는 여러 가지 형태의 에너지양을 〈표 3-2〉에 제시했다. 태양의 복사(輻射) 에너지는 막대하지만 이용되고 있는 것은 바다로부터 증발하여 강의 형태로 바뀐 물의 극히 일부분을 사용한 수력발전과 식물이 광합성을 하여 축적한 물질 정도로 태양에너지의 이용률이 지극히 적다는 것을 알 수 있다.

지금 전 세계에서 소비하고 있는 석유, 석탄 등 탄화수소계 화석연료의 사용량은 이 광합성에 의해서 축적되는 에너지의 몇 분의 1밖에 안 된다는 것을 통해 이용되지 않고 있는 태양에너지의 양이 얼마나 막대한가를 알 수 있다.

문제는 태양의 복사나 해양, 풍력 등의 에너지의 밀도가 매우 작기 때문에 어떻게 하면 값싸게 농축할 수 있느냐는 데에 있다. 지열(地熱)은 농축된 에너지이기는 하지만 이용 장소가 한정되기 때문에 대량으로는 기대할 수가 없다.

다음에는 이용되지 않고 있는 이 에너지의 개발에서 촉매가 하게 될 역할을 생각해 보자.

(석유환산:억t) ( )%

자원\지역	북아메리카(카나다)	서유럽	중동	소련, 동유럽, 중국	기타의 공산권	합계
석유	79 (9)	9 (1)	542 (62)	105 (12)	140 (16)	875
천연가스	95 (20)	48 (10)	95 (20)	153 (32)	86 (18)	477
석탄	20191 (51)	1980 (5)	—	15836 (40)	1584 (4)	39591
오일세일	134 (42)	51 (16)	—	—	134 (42)	319
샌드오일	1116 (52)	—	—	—	1030 (48)	2146

표 3-1 | 세계의 각종 탄화수소 자원의 매장량

A. 태양에너지에 의한 물의 분해

(1) 태양로: 볼록렌즈로 태양광선을 집광하면 종이에 불을 붙일 수 있는 것과 같이 포물면거울로 태양의 열선(熱線)을 집속(集束)하면 그 초점에서 1,000℃ 정도의 고온을 쉽게 얻는다. 이렇게 모은 태양의 열에너지를 이용하기 위해서는 필요할 때 쓸 수 있게 이 에너지를 저장하지 않으면 안 된다. 지금 가장 유력시되고 있는 것은 태양에너지를 사용하여 물을 분해하고 클린 에너지원이라고 불리는 수소의 형태로 저장하는 방법이다. 더 자세한 설명은 '수소에너지'에 관한 좋은 책이 많이 있으므로 참고하기 바란다.

1차형태	2차형태	kW	%
태양의 복사 17.3×10^{13} kW (100%)	단파장방사	5.2×10^{13}	30
	열로서 도달	8.1×10^{13}	47
	물의 증발→강우 등	4.0×10^{13}	23
	대기의 흐름·파도	3.7×10^{11}	0.2
	광합성→동식물체	4.0×10^{10}	0.02
지구의 내부로부터 $3. \times 10^{10}$ kW (0.02%)	지열	3.2×10^{10}	0.02
	화산·온천	3×10^{8}	0.0002
	방사성물질	?	?
천체의 운행으로부터 3×10^{9} kW (0.002%)	조석·조류 등	3×10^{9}	0.0002

(화석연료의 사용량은 광합성의 수분의 1)

표 3-2 | 지표면에서 얻어지는 에너지원의 종류와 양

물은 3,000℃ 정도로 가열하면 약 70%가 수소와 산소로 분리되는데 이 방법에 의한 수소 제조를 실용화하려면 거대한 포물면거울이 필요하다. 또 3,000℃의 고온에 견딜 수 있는 용기를 만드는 일이 큰 문제이다.

(2) **열화학기관**: 포물면거울의 초점을 더 퍼지게 하여 1,000℃ 이하의 온도로 유지하면서, 효율적으로 물을 분해하는 방법으로서의 여러 가지 열화학회로가 제안되고 있다. 증기기관이 수증기를 통해서 높은 열원(熱源)으로부터 낮은 열원으로 흐르는 열의 일부분을 동력으로 바꾸는 기관인 것과 비슷하여, 이 수증기 대신 고열원과 저열원 사이에 흐르는 열에 대해서 일어나는 화학반응에 의해 물을 수소와 산소로 분해하는 것이 물분해용 열화학회로이다. 여러 가지 화학반응의 조합이 제안되고 있다. 대표적인 두 가지 회로를 소개한다.

미국의 유토람 마크 9

$$6FeCl_2 + 8H_2O \xrightarrow{650℃} 2Fe_2O_3 + 12HCl + \boxed{2H_2}$$

$$6FeCl_2 + 3Cl_2 \xleftarrow{420℃} 6FeCl_3 + 6H_2O + \boxed{O_2} \quad (200℃, +3Cl_2)$$

(3-4)

염화제1철($FeCl_2$)의 수용액을 담은 양철통을 650℃로 가열하면 수소가 발생한다. 이 수소발생관으로부터 나오는 수소용액에 200℃에서 염소가스를 뿜어 넣으면 수용액 속의 철분이 염화제2철($FeCl_3$)로 되는 동시에 산소가 발생한다.

이 산소발생관으로부터 방출되는 염화제2철 수용액을 420℃로 가열하면 출발물질인 염화제1철 수용액으로 환원되는 동시에 염소가스가 회수된다.

결국 이 화학회로를 한 바퀴 도는 사이에 물이 두 분자로 분리되는 것 이외에는 원래의 상황으로 되돌아간다. 물을 분해하는 에너지는 600℃의 고열원으로부터 400℃와 200℃의 저열원으로 흐르는 열이다. 고열원은 태양로의 열을 사용하여 600℃로 유지된다.

일본의 오오다 박사의 요코하마 마크 3

$$2FeSO_4 + I_2 + 2H_2O \xrightarrow[\text{빛}]{250℃} 2Fe(OH)SO_4 + 2HI$$

$$2FeSO_4 + H_2O + \tfrac{1}{2}O_2 \xleftarrow{250℃} \qquad \xrightarrow[\text{빛}]{25℃} I_2 + H_2$$

(3-5)

이 화학회로는 태양열뿐 아니라 빛의 에너지도 이용하는 것으로 고열원은 겨우 250℃, 저열원은 대기의 온도에서 일어나는 이점이 있다.

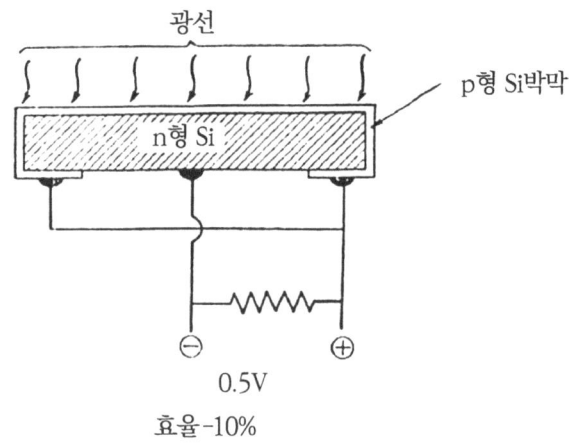

그림 3-4 | 실리콘(Si) 태양전지

또 아까 말한 회로에 포함되는 염산이나 염소가스처럼 부식성(腐蝕性) 화학물질은 쓰지 않는다는 장치상의 이점도 있다.

열화학회로의 고안은 현재로는 모두 화학평형론을 근거로 하고 있으며 반응이 어디까지 일어나느냐는 것뿐이다. 어떤 속도로 일어나느냐는 것은 문제 밖의 일이다. 실용적으로는 화학회로가 충분한 속도로 일어나지 않으면 태양에너지를 효율적으로 이용할 수 없으므로 이 분야에서 촉매의 역할은 지극히 큰 것으로 예상된다. 이러한 연구는 시작에 불과하다.

B. 태양전지

(1) **태양전지**: 촉매작용에는 관계가 없으나 일단 설명해 둔다. 태양전지는 1954년에 미국에서 개발되어 이미 인공위성의 에너지원으로 이용되고 있는데 일반적인 실용화는 아직 멀었다.

대표적인 것은 〈그림 3-4〉처럼 n형 실리콘 반도체를 p형 실리콘 반도체의 막(膜)으로 싼 것인데, 햇빛이 닿으면 p형은 ⊕로, n형은 ⊖로 대전한다. 이 전지 1개로 약 0.5V, 10㎠당 약 10㎽의 전력밖에 얻지 못하므로 실용을 위해서는 수많은 전지를 병렬로 접속하여 사용한다. 인공위성의 사진을 자세히 보면 커다란 날개 같은 것이 붙어 있는데, 이것이 바로 태양전지이다.

효율(빛의 에너지의 몇 %가 전기에너지로 변화하느냐를 나타낸다)은 약 10%이다. 재료인 실리콘은 극도로 순수해야 하므로 장치가 매우 비싸져 실용에는 부적당하다. 그래서 개량형이 연구되고 있다.

빛의 조사(照射)에 의해서 전지가 여기(勵起)된다고 하는 반도체의 성질을 촉매작용과 함께 이용하여 광에너지를 화학에너지로 변화하려는 것이 다음에 말하는 광(光)촉매 반응이다.

(2) **혼다·후지시마의 전지**: 도쿄대학의 혼다와 후지시마, 두 박사가 1972년에 발견한 현상이다. 〈그림 3-5〉의 장치에서 반도체인 산화티탄(TiO_2) 전극에 빛을 쬐면 이 전극 표면의 원자에 고정되어 있던 전자 e^-가 방출되어 자유로이 움직일 수 있는 상태가 되고 전자가 빠져나간

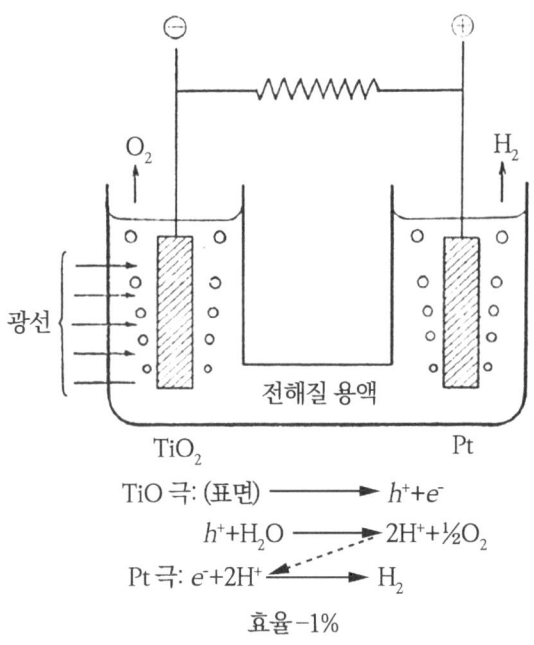

그림 3-5 | 혼다·후지시마 효과

자리에는 플러스 전기를 띤 구멍(正孔, positive hole) h^+가 생긴다. h^+와 e^-가 재결합하여 소멸되는 것을 방지하기 위해 산화티탄 전극을 전기(e^-)가 잘 통하는 도선(금속선)으로 또 하나의 백금전극에 연결해 놓으면 e^-는 산화티탄으로부터 백금으로 이동한다. 즉 백금이 ⊕, 산화티탄극이 ⊖로 된 전지가 된다. 그와 동시에 각각의 전극 표면에서 반응이

$$\text{TiO}_2 \, 극: h^+ + \text{H}_2\text{O} \longrightarrow 2\text{H}^+ + \tfrac{1}{2}\text{O}_2$$
$$\text{Pt} \, 극: 2e^- + 2\text{H}^+ \longrightarrow \text{H}_2 \qquad (3\text{-}6)$$

일어나고 물이 분해되어 백금으로부터는 수소, 산화티탄극으로부터는 산소가 발생한다. 태양전지와 물의 분해가 동시에 성립되기 때문에 매우 흥미로운 태양에너지 전환장치이다. 그러나 h^+와 e^-를 산화티탄 표면에 만드는 빛의 파장이 자외선 부근의 극히 좁은 범위에 한정되기 때문에 태양광의 에너지의 약 1%밖에 이용할 수 없어 현재로는 실용성이 없다고 한다. 그 밖에도 여러 가지 광촉매 반응이 고안되어 있다. 제7장을 참고하기 바란다.

C. 새로운 수력발전

위에서 말했듯이 수력발전은 태양열로 인해 해면에서 증발한 물이 산악지대에 비가 되어 내린 물을 댐으로 막아서 그 낙차를 이용하여 발전기를 돌리므로 태양에너지의 간접적인 이용이다. 이와는 달리 강물이 바닷물로부터 만들어진 증류수인 것을 이용하여 에너지를 개발하는 가능성이 있다.

그것은 농도가 다른 두 용액이 접촉하면 서로 혼합하여 균일하게 되려는 힘이 작용하는 원리에 기초를 두고 있다. 바닷물은 약 3%의 염화나트륨(NaCl) 수용액이고, 강물은 태양이 만든 증류수이다. 대략적인 계산에 따르면 일본의 하천에 흐르는 물의 총량은 1년에 3,000억(3×

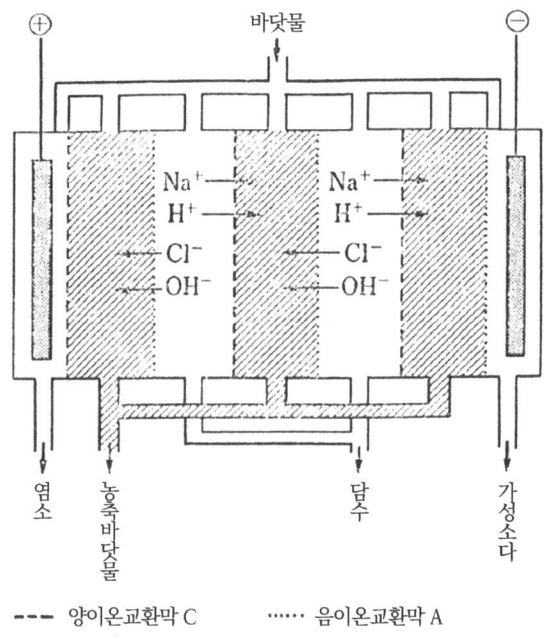

━━━ 양이온교환막 C   ······ 음이온교환막 A

그림 3-6 | 이온교환막에 의한 바닷물의 탈염과 농축

$10^{11})$ 톤으로 이것이 하구에서 바닷물과 뒤섞임으로써 이용되지 못하고 버려지는 에너지는 1년 동안에 약 1.6×10^{14} kcal이다. 이 양은 1972년에 일본이 수입한 석유량의 약 절반에 해당한다고 한다. 이 에너지를 퍼 올리는 방법으로 지금 가장 유력시되고 있는 것이 이미 제염(製鹽)이나 바닷물의 담수화(淡水化) 또는 가성소다의 제조에 사용되고 있는 이온교환막을 응용하는 발전방법이다('농담전지(濃淡電池)'라고 불리는 것이 이것이다).

〈그림 3-6〉은 탈염(脫鹽) 장치라고 불리는 바닷물로부터 물을 만드는 장치로서 바닷물의 농축과 탈염을 동시에 한다. 용기 내부는 양이온만을 투과하는 양이온 교환막 C와 음이온만을 투과하는 음이온 교환막 A로 번갈아가며 칸막이가 되어 있고 용기 양단의 방에 전극이 배치되어 있다. 바닷물을 그림의 위로부터 아래로 향해 흘리면 양이온인 Na^+와 H^+는 음극 $\ominus$의 방향으로, 음이온 Cl^-와 OH^-는 양극 $\oplus$로 향하여 이온교환막을 투과한다. 이 이온의 이동은 양 끝의 전극에 그림처럼 직류전압을 가함으로써 크게 촉진된다. 그 결과 Na^+와 Cl^-, 즉 염은 그림의 빗줄 부분에 농축되고 빗줄이 없는 부분의 바닷물은 탈염된다.

또 $\ominus$극 방에는 가성소다(NaOH), $\oplus$극 방에는 염소가 농축, 분리된다. 이상의 변화를 반대 방향으로 취하는 것이 새로운 수력발전의 생성 원리이다. 그림의 $\oplus$와 $\ominus$극에 접속한 외부 전원을 제거하여 빗줄 부분에 바닷물을, 빗줄이 없는 부분에 강물을 흘려보내면 Na^+와 Cl^-는 바닷물과 강물 사이에서 같은 농도가 되려고 이온교환막을 통하여 그림과는 반대 방향으로 이동한다. 그 결과 그림의 $\oplus$극은 음극으로, $\ominus$극은 양극으로 대전하여 전지를 형성한다.

이 전지의 전력으로 바닷물을 전기 분해하면 에너지가 수소와 산소의 형태로 저장되는 동시에 바닷물이 농축되고 그 농축된 바닷물을 그림의 장치로 흐르게 하면 전지의 효율을 더욱 높일 수 있다는 원리이다.

이용되지 않고 있는 자원의 개발

A. 탄산가스

탄산가스는 동식물체의 산소호흡, 유기화합물의 연소나 부패라는 에너지 변화과정의 최종 생성물이다. 현재는 아직 공해원(公害源)이라고는 말할 수 없지만 인류의 막대한 생산과 소비 활동의 결과로 도시에서의 탄산가스 순환회로가 파괴 직전에 있다. 대기 속에 고인 탄산가스의 온실효과에 의해서 지표의 온도가 해마다 상승하고 있다고 한다. 그러나 지구 전체의 규모로 보면 지구 표면에 대량으로 나오는 탄산가스의 일부는 식물에 의해 탄수화물과 산소로 바뀌고 나머지 대부분은 바닷물에 녹아 탄산으로 되며 그것은 또 탄산칼슘이 되어서 바다 밑에 축적된다. 바다가 탄산가스의 저장고가 되어 대기 속의 탄산가스의 농도를 조절하고 있는 셈이다.

물과 탄산가스는 지구 위의 유기화합물의 대부분을 차지하는 탄화수소와 탄수화물이 산화되어 생성되는 최종 생성물이라는 것으로도 알 수 있듯이 화학적으로는 지극히 안정(에너지 보유량이 적은 것을 의미한다)하므로 이것을 이용가치가 있는 화학물질로 재생하기 위해서는 대량의 에너지를 주입하지 않으면 안 된다. 따라서 탄산가스가 탄소자원으로 될 수 있는지의 여부는 물로부터 수소를 만드는 것과 마찬가지로 앞에서 설명한 것처럼 이용되지 않고 있는 에너지원의 값싼 개발이 실현될 수 있느냐에 달려 있다. 한편 식물이 엽록소라는 촉매와 태양에너지를 사용하여 물과 탄산가스로부터 탄수화물을 광합성하고 있는 것을 흉내 내는 촉매를 개발하여 탄산가스를 효율적으로 대량으로 재생 이용하는 것은 촉매 연구자의 꿈이지만 현재로서 그 실현은 요원하다.

철을 주성분으로 하는 피셔-트롭쉬 촉매에 의해서 일산화탄소와 수소로부터 알코올이나 탄화수소가 합성된다(제2장 47~48쪽 참조). 여기서 우선 생각할 수 있는 탄산가스 이용법의 하나는 수소나 탄소와 반응시켜서 일산화탄소를 만드는 일이다.

$$CO_2 + H_2 \rightarrow CO + H_2O \qquad (3\text{-}7)$$

$$CO_2 + C \rightarrow 2CO \qquad (3\text{-}8)$$

(3-7)의 반응에는 철촉매가 유효하며 수성(水性)가스 전화반응(轉化反應)으로서 실제로 광범하게 사용되고 있다. 탄산가스와 수소로부터는 (3-7)의 반응 외에 메탄올('메틸알코올'이라고도 한다. CH_3OH)도 생산된다. 일산화탄소를 거치지 않고 탄산가스로부터 직접 메탄올이나 탄화수소를 만드는 촉매의 개발은 그렇게 먼 장래의 일은 아니다.

반응 (3-8)은 백금족 금속이 촉매하는 것이 알려져 있으나 고온의 가열이 필요하고 촉매가 비싸다는 점도 있어서 실용화 단계는 아니다.

이 밖에 다음과 같이 탄산가스분자를 알코올이나 탄화수소의 분자에 삽입함으로써 알코올(ROH)이나 탄화수소(RH 탄화수소 분자 중 반응으로 움직이는 수소원자 H에 주목하여 나머지를 R로 적는다)를 지방산으로 바꾸는 반응이 알려져 있으므로 이러한 반응을 선택적으로 촉진하는 촉매, 나아가서는 지방을 만드는 촉매의 발견도 먼 장래의 일이 아닐 것이다.

$$MH + CO_2 + ROH \longrightarrow MOH + RCOOH \quad (3\text{-}9)$$

$$\text{C}_6\text{H}_5\text{-OK} + CO_2 + RH \longrightarrow \text{C}_6\text{H}_5\text{-OH} + RCOOK \quad (3\text{-}10)$$

(MH는 금속의 수소화합물, (3-10)의 최초의 화합물은 페놀의 칼륨염이다)

또 아연이나 구리의 유기금속 화합물을 촉매로 사용하면 다음과 같이 탄산염의 중합물이 되는데, 이것들은 탄산가스의 단순한 고정화 반응이며 가열하면 다시 탄산가스를 방출하여 분해하기 때문에 현재로는 이용가치가 없다.

$$n\left(R-\underset{O}{\overset{H\quad H}{C-C}}-R' + CO_2 \right) \xrightarrow{\text{Zn 또는 Cu착체}}$$

$$\left(-CHR-CHR-O-\underset{\parallel}{C}-O- \right)_n \quad (3\text{-}11)$$
$$ O$$

그러나 탄산가스를 폐기물로 축적하는 것으로 그치고, 인공적으로 물질순환 회로를 만드는 실마리가 풀려가고 있는 것은 확실하다.

B. 메탄올 합성

메탄올은 장차 석유를 대신할 에너지원 및 화학합성공업의 원료로서 중요시되고 있어 연구가 활발히 실시되고 있다. 그 주된 이유는 다음과 같다.

LP가스나 석탄을 석유로 대신할 탄화수소 자원으로서 해외에서 구할 경우, 현지의 공장에서 이것을 메탄올화하는 것은 해외투자로서 효과적이다. 또 LP가스를 운반하는 냉각탱크선은 필요가 없게 되고 석탄에 20~30%나 함유되어 있는 수분을 석탄과 함께 운반하는 낭비를 하지 않아도 된다(석탄을 건조하여 운반하면 도중에서 발화할 위험이 있다). 발효법에 의해서 세계적 규모로 이용되지 않고 있는 식물자원을 메탄올로서 활용하는 것도 가능하다.

메탄올은 탄소, 수소 및 산소만으로 이루어진 화합물이면 쉽게 완전 연소를 하기 때문에 공기를 더럽히지 않는 클린에너지이다. 메탄올을 분해하여 도시가스로 쓰는 데는 칼로리가 약간 부족한데, 이는 니켈 촉매를 사용하면 메탄올로부터 높은 칼로리의 메탄이 생성되므로 문제가 없다.

$$4CH_3OH \xrightarrow[300°C]{Ni촉매} 3CH_4 + 2H_2O + CO_2$$

(3-12)

또 메탄올을 연료로 삼아 화학적으로 발전(發電)하는 연료전지의 기술도 거의 완성되고 있다. 이 기술의 주류는 가열한 구리촉매에 메탄올

증기를 접촉시켜 분해시키고 수소를 만들고 나서 산수소(酸水素)전지를 가동시키는 방법이다.

$$CH_3OH \longrightarrow 2H_2 + CO \atop {\big\downarrow +H_2O \atop \longrightarrow CO_2 + H_2}$$

(3-13)

(3-13)과 같이 메탄올 1분자로부터 3분자의 수소를 만들 수 있고 저장에도 큰 힘이 들지 않으므로 메탄올은 매우 우수한 수소원이다. 기상관측 기구(氣球)용 수소를 메탄올로부터 만드는데, 미국 육군이 사용 중인 촉매장치가 최근의 잡지에 소개되었다. 위험한 수소봄베 대신 적재량 1톤의 트럭으로 산골짜기에도 쉽게 수송되는 것이다.

앞에서 거듭 말했듯이 일산화탄소와 수소에 피셔-트롭쉬 촉매를 작용시키면 고급 알코올이나 탄화수소 등 여러 가지 석유제품을 만들 수 있다.

최근에는 메탄올로부터 아세톤, 아세트알데히드, 에틸렌글리콜, 아세트산 등 특정 화학원료를 선택적으로 만드는 촉매가 연달아 개발되었다. 또 합성 제올라이트(결정성합성점토의 일종)를 촉매로 하여 메탄올로부터 직접 석유를 합성하는 기술이 미국에서 개발되었다.

배기와 폐수의 정화

배기가스나 폐수의 무해화(無害化) 처리는 원리상으로는 간단하다. 자연의 환경 속에 흩어지기 전에 배출구에서 집중적으로 처리할 수 있기 때문이다. 이것과 비교해서 소비물질을 한 번만 쓰고 버리는 습성에 젖은 현재의 사회 시스템 속에서 각 가정에서 배출되는 폐기물의 처리는 여간 어렵지 않다. 대부분이 고형물체이기 때문에 폐수처럼 유동적으로 회수할 수 없으며 또 원료별로 구분하여 회수하는 시스템이 없기 때문이다. 가정의 쓰레기는 일단 모아서 골짜기나 바다에 매립하거나 태워버리고 있지만, 환경을 파괴하고 있는 것은 마찬가지이고 자원 절약 면에서 보더라도 궁여지책에 불과하다. 그럼에도 불구하고 지금도 그렇게 하는 것은 그 방법이 가장 값싸기 때문이다.

지금도 가정에서 버리는 쓰레기의 처리비용은 톤당 일본 돈으로 약 1만 5천 엔이나 되고, 그중 약 80%가 수집비용이라고 한다. 재생하여 사용함으로써 쓰레기의 가치를 높이는 것이 얼마나 중요한가를 알 수 있다.

넝마주이가 고철이니 헌 신문, 빈 병을 회수할 수 있는 것은 그래도 경제성이 있기 때문인 것처럼 플라스틱이나 그 밖의 합성화학물질의 회수분별이 경제적으로 성립될 수 있을 만한 물질순환 공정이 개발되지 않는 한 자연의 오염은 계속될 것이다.

A. 탈황

아황산가스는 한때 배연(排煙) 공해의 주역이었다. 공장, 화력발전, 난방 보일러 등의 배연에 들어 있는 아황산가스(SO_2), 황산가스(SO_3)(통틀어 SOx로 표기하며 '속스'라 한다)는 연료인 석탄이나 중유 속에 1~4%가 포함된 황이 연소 중에 산화되어 생성된다. 그것의 강한 산성 때문에 동식물의 조직이 파괴되고 금속 기타의 무기화합물은 황산염이 된다. 이것을 이른바 '부식(腐蝕)'이라고 한다. 공해 대책으로서 굴뚝을 높인 것이 도리어 피해 범위를 확대한 결과가 되었다. 나중에 언급하겠지만 배연 속의 유독물질(주로 일산화탄소, 연소되지 않은 탄화수소류, 질소산화물 등)은 촉매를 사용하여 산화나 분해하여 무독화하는 방법이 있지만 배연 속에 황분이 있으면 촉매 자체가 황산염으로 변하여 효력이 없어진다. 따라서 연료로부터 유황분을 미리 제거해 둘 필요가 있다. 이 조작이 탈황(脫黃)이라고 불리는 공정이다. 탈황에 의해서 생기는 황의 일부분은 황산과 비료인 황산암모늄의 제조에 사용되지만 대부분은 석고($CaSO_4$)로 되어 시장에 대량으로 나돌고 있다. 건축재료로 사용되는 내화(耐火) 보드가 이것이다. 시멘트에 혼합하는 것도 시도하고 있지만 석고는 애초 시멘트 바실루스(cement bacillus, '시멘트의 병원균'이라는 뜻)라고 하여, 콘크리트를 무르게 만든다고 꺼려하고 있다. 황을 아스팔트에 혼합하여 도로포장에 사용하는 방법이 캐나다의 추운 지방에서 시도되고 있다. 중유분을 저장하는 한 가지 편법도 겸하고 있는 셈이다. 배연 속의 황산화물을 알칼리성 물을 뿌린 흡수탑에 배연을 통과시켜 제

(1km 주행당 배출가스의 g수)

연도	일 본			미 국			캘리포니아주		
	CO	HC	NO_x	CO	HC	NO_x	CO	HC	NO_x
1975	2.1	0.25	1.2	9.4	0.94	1.9	5.6	0.56	1.25
1976	2.1	0.25	0.6*	9.4	0.94	1.9	5.6	0.56	1.25
1977	2.1	0.25	0.6*	9.4	0.94	1.25	5.6	0.25	0.94
1978	2.1	0.25	0.25	9.4	0.94	1.25	5.6	0.25	0.94

*자동차 무게 1,000kg까지, 그 이상의 차에서는 0.85

표 3-3 | 자동차 배기가스 규제치

거하는 방법은 소규모의 굴뚝이라면 가능하지만 1분간 수만 m^3나 되는 연기가 흘러나가는 화력발전과 같은 경우에는 무리이다.

석유의 탈황에 의해서 아황산가스 공해는 낮아지고 있지만 아직 충분하지는 않다. 주요 연료인 중유의 탈황이 어렵고, 황을 모조리 제거할 수 없는 데다 중유의 비용이 높아지기 때문이다. 또 석탄이 석유 대신으로 재등장하게 된다면 다시 아황산가스 공해가 재현될 것이다. 중유나 석탄을 값싸게 탈황하는 기술이 시급히 개발되어야 하는데 여기서도 새로운 촉매의 개발이 가장 핵심이 된다.

B. 자동차의 배기처리

일산화탄소(CO), 탄화수소(줄여서 HC), 질소화합물(NO_x, '녹스'라 한

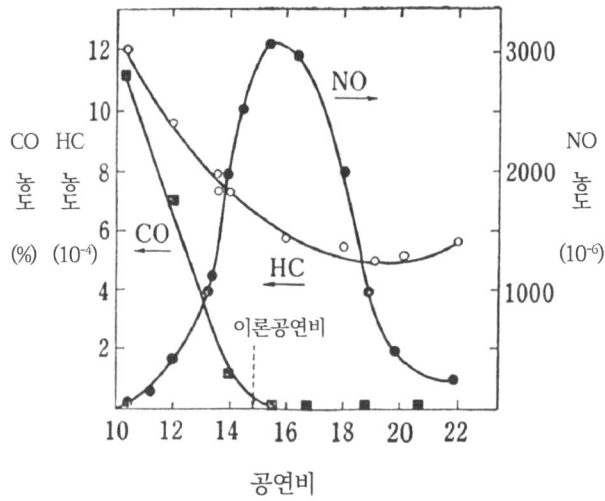

그림 3-7 | 공연비와 HC, CO, NOx 농축

다)을 배연으로부터 제거하는 대표적인 예로 자동차의 배기가스 처리에 관하여 살펴보자. CO는 일산화탄소 중독을 일으키고 HC와 NOx는 태양빛을 받아 과산화물질을 만들어 광학(光學) 스모크를 일으킨다.

〈표 3-3〉에 일본과 미국의 자동차 배기가스 규제값을 나타냈다. 캘리포니아는 미국에서 가장 규제가 심한 주(州)다. 1970년 로스앤젤레스의 대기를 오염시키고 있는 CO의 90%, HC의 65%, NOx의 60%가 자동차의 배기에 의한 것이었다고 보고되어 있다. 일본의 규제가 두드러지게 엄격해지고 있지만 제3장 서두에서 말한 것처럼 국토의 단위 면적 당 에너지 소비량이 일본에서는 미국의 8~10배인 것을 생각한다면

CO	0.3~1.0%	O_2	0.2~0.5
H_2	0.1~0.3	SO_2	~0.002
HC	0.03~0.08	CO_2	~12
NO	0.05~0.15	H_2O	~13

표 3-4 | 이론공연비에 따른 자동차 엔진 배기가스의 평균 조성

어쩔 수 없다. 일본 기술진의 필사적인 노력으로 1978년에 규제값 이하로 억제하는 방법이 불완전하나마 개발되었다. 앞으로 남은 문제는 NOx의 처리이다.

〈그림 3-7〉에 자동차 엔진에 흡입되는 공기와 휘발유의 혼합비(空燃比)[20]와 배기가스 속 CO, HC, NOx량의 관계를 나타냈다. 연료를 되도록 완전연소하면서도 엔진의 출력을 떨어뜨리지 않는 최적의 공연비 이론값은 약 14.6이며, 이때 배기가스에 함유되는 각 성분의 평균 농도는 〈표 3-4〉와 같다(합하여 100%가 못 되는 나머지 몫은 공기와 질소이다). 〈그림 3-7〉에서 보듯이 공연비가 적은, 즉 휘발유가 너무 많으면 불완전연소에 의해서 CO와 HC가 증가하고, 반대로 공연비가 너무 커지면 엔진 내에서 폭발적인 연소가 일어나기 어렵게 되어 HC가 증가한다. 한편 NOx의 주성분인 산화질소(NO)는 공기 속의 질소(N_2)와 산소(O_2)가 고온 아래서 반응하여 생성되는 것이며 연소가 단시간 내에 완전히 행해질수록 엔진 내의 온도가 높아지기 때문에 공연비 15 부근에

서 가장 많아진다.

그런데 CO는 산화하여 탄산가스로, HC는 연소시켜 탄산가스와 물로 바꾸고, NO는 분해하거나 산소를 빼앗거나 해서 질소가스로 바꾸면 무독화된다. 그래서 이들의 화학반응을 배기가스가 엔진으로부터 차 밖으로 배출하기까지의 극히 짧은 시간 내에 완결하지 않으면 안 된다. 여러 가지 촉매 탐색을 한 결과 로듐(Rh), 백금, 팔라듐(Pd) 등의 귀금속과 구리(Cu), 크롬(Cr), 니켈(Ni), 망간(Mn) 등의 천이금속(遷移金屬)의 산화물과 구리와 니켈의 합금 등이 촉매로서 뛰어난 것임을 알게 되었다.

그러나 곤란한 점은 CO와 HC를 줄이려고 하면 NO가 증가하고 NO를 줄이려고 하면 CO와 HC가 증가한다는 것이다. 〈그림 3-8〉에 그 변화를 제시했다(종축의 전화율-轉化率-이란, 문제의 유독가스가 얼마만큼 반응하여 지워지는가를 나타낸 수치이다). 공연비가 작은 경우에는 반응한 NO의 약 절반은 HC로부터 수소를 빼앗아 암모니아로 바뀌었다. 암모니아는 CO와 HC의 산화 때 NO로 되돌아가므로 결국은 NO를 제거한 것이라고 할 수 없다. 이러한 어려움이 있기 때문에 NO의 대책을 뒤로 미루고 우선 CO와 HC를 줄이려는 것이 〈표 3-3〉에 열거한 규제계획이다.

다음으로 해결하지 않으면 안 되었던 어려운 문제는 이 촉매를 자동차의 배기관에 넣고 실제로 작용시키는 일이었다. 자동차의 배기 조건이 촉매를 작용시키기에는 터무니없이 상식에 어긋나기 때문이다. 화학공업에서 촉매를 사용할 때는 촉매의 활성과 선택성을 장시간 최

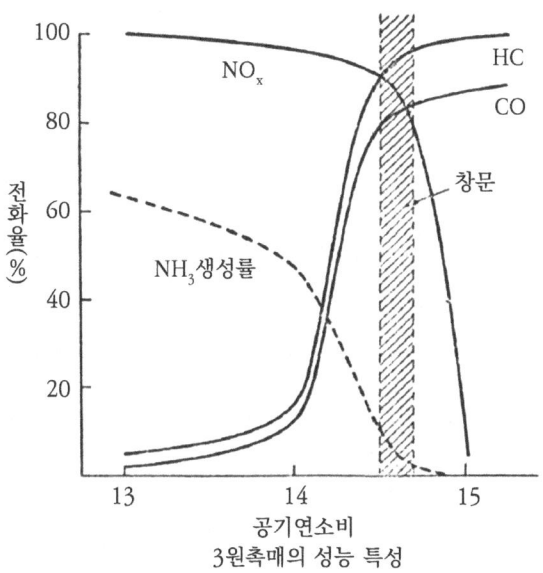

그림 3-8 | 촉매로 자동차 배기가스 중 CO, HC, NOx는 촉매로 어느 정도 제거되는가

적 상태로 유지하기 위해 순도가 높은 원료 가스를 일정한 비율로 혼합하고, 일정한 압력 아래서 일정한 유속(流速)으로 촉매에 접촉시킨다. 거기에다 촉매의 온도를 고작 500℃ 이하의, 더군다나 좁은 온도 범위 내로 일정하게 유지하는 것이 상식이다. 한편 자동차 엔진의 배기가스는 엔진의 회전에 따라서 맥동하고 더구나 아이들링(idling, 차를 세워 놓고 엔진을 공전시킴)으로부터 고속운전까지의 사이에서 온도가 200~1,000℃, 평균유속은 시간당 수백~수만㎥ 사이에서 변화할 뿐만 아니라 반응시키고자 하는 유해성분이 원래 희박한 데다 농도가 대폭

변화한다. 또 차체의 진동 때문에 촉매가 파괴되어 차 밖으로 뿌려진다면 도리어 2차 공해를 일으키게 된다.

지금 촉매방식의 차에 장비되어 있는 대표적인 촉매는 배기의 흐름을 방해하지 않게 벌집 모양으로 성형한 알루미늄 백금을 엷게 입힌 것이다. 다만 만일 전 세계의 자동차가 이것을 장비하면 전세계의 백금을 다 써도 모자란다고 한다. 그래서 입자 모양의 알루미늄에 구리나 크롬의 산화물을 입힌 촉매가 개발되고 있다. 〈표 3-4〉에서 보는 바와 같이 배기가스에는 아직 미량의 황분이 남아 있어서 그것이 산화되어 생성되는 황산가스 때문에 촉매는 황산염이 되고 1~2년에 활성을 잃어버리므로 여기서도 촉매의 회수와 재생시스템이 불가결하다.

촉매방식의 차에는 무연 휘발유를 쓰지 않으면 안 된다. 납이 강력한 촉매독이기 때문이다.

녹스 제거의 방책으로서 자동차에서는 배기가스의 일부를 엔진으로 재순환시켜 엔진 내의 연소온도를 낮추는 방법이 채택되고 있다. 한편 화력발전이나 난방 보일러에서는 온도가 높을수록 에너지 효율이 좋고 그만큼 NO가 증가하기 때문에 큰 문제이다. 배연으로부터 질소산화물을 제거하는 것을 현장 기술자들은 '탈초(脫硝)'라고 한다.

배연 속 미량의 산화질소를 촉매로 사용하여 해롭지 않는 질소가스로 바꾸는 환원반응(還元反應)에는 환원제로서 무엇을 쓰느냐에 따라서 비용이 크게 달라진다. 거기에다 연도(煙道)가스 속에는 산화질소의 농도가 산소의 수만 분의 1밖에 없으므로 산화질소를 제거하기 위해서

가한 환원제의 쓸데없는 대량소비를 가져온다. 그래서 산소와는 그다지 반응하지 않고 문제의 산화질소와 선택적으로 반응할 만한 환원제와 촉매를 사용하는 반응법을 찾게 된다. 지금부터 약 10년 전에 미국의 연구자들이 NO에 암모니아를 혼합하여 수백 도로 가열한 백금촉매층을 통과시키면 두 질소원자가 효과적으로 결합하여 질소가스와 물이 된다는 것을 발견했다.

$$3NO + 2N^*H_3 \xrightarrow{\text{백금 촉매}} \tfrac{5}{2}NN^* + 3H_2O \quad (3\text{-}14)$$

지금 '암모니아법'이라 불리며 실용화를 서두르고 있는 탈초 기술이 이것이다. 그러나 모처럼 많은 에너지를 들여서 수소와 질소로부터 합성한 암모니아를 대량으로 소비하는 셈이어서 자원 절약·에너지 절약의 면에서 문제가 남는다. 또 값비싼 백금을 대신할 촉매도 개발하지 않으면 안 된다. 최근에는 철이나 바나듐계 등 SO2에 잘 견디는 촉매가 발견되었다.

지금 자동차 배기의 탈초법으로 연구되고 있는 또 하나의 방법은 배기 속의 NO와 산소를 사용하여 CO와 HC를 산화하는 것이다. 〈그림 3-8〉의 빗줄을 친 윈도우라고 불리는 공연비의 범위에서는 NO와 거의 같은 양의 CO와 HC가 배기가스에 들어 있다. 이것들을 효과적으로 반응시킬 수 있다면 일거삼득이다. 더구나 NO로부터의 암모니아 생성도 적다. 이 방식을 실용화하기 위해서는 공연비를 14.6±0.2라는

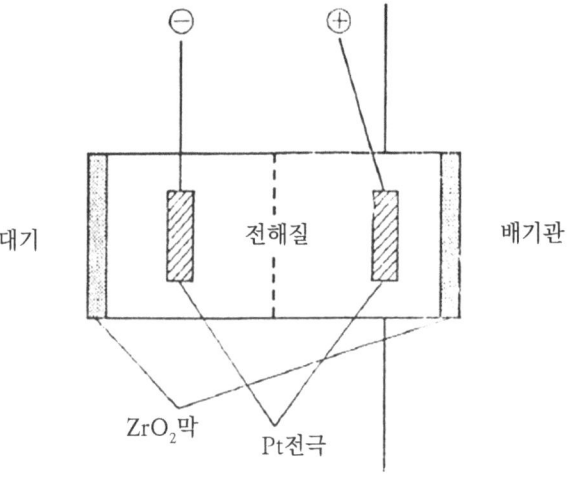

그림 3-9 | 배출가스 중의 산소를 측정하는 산소 센서의 원리

좁은 범위 내에서의 조절이 필요했는데, 이를 위해 '산소 센서'라고 불리는 장치가 개발되었다. 〈그림 3-9〉에서 볼 수 있듯이 일종의 전지이다. 전지의 양쪽이 산화이트륨을 혼합한 산화질코늄(ZrO_2)의 막으로 막혀 있다. 이 막은 산소만 잘 투과하는 성질이 있으므로 한쪽을 배기가스에, 다른 쪽을 공기에 노출시키면 산소이온의 농담전지 농담전지(濃淡電池)[19]가 된다. 배기가스 속의 산소 농도가 공연비[20] 14.6일 때의 0.2~0.5%라는 농도로부터 벗어나면 릴레이가 작동하여 엔진이 카뷰레터를 조절하도록 설계되어 있다. 이것은 주로 미국에서 연구가 진행되고 있다.

지금까지는 휘발유를 사용할 때 배기가스의 처리에 대해서 말했는데 발상(發想)을 전환해 연료를 가공하는 방법이 있다. 이미 자원절약 시대의 연료로 메탄올이 유망시되고 있다는 말을 했다. 휘발유에 소량의 수소를 혼합하면 출력을 떨구지 않고 배기가스를 상당히 깨끗하게 할 수 있다. 그래서 자동차에 수소봄베를 싣는 대신 엔진의 공기를 흡입하는 쪽에 메탄올을 분해하여 수소를 만드는(3-13식 참조) 촉매실을 장치한다. 이와 같은 촉매장치는 또 자동차의 엔진에 부착할 정도로 소형화되어 있지는 않지만 구미에서는 이미 실용화되어 있다.

C. 오니와 수은

공장과 가정 폐수에 의한 오니(汚泥) 공해가 큰 문제가 되고 있다. 특히 수은처럼 폐수 속에 미량으로 들어 있는 해로운 화학성분을 어떻게 제거하느냐가 중요하다. 이미 오니(처리하지 않은 하수와 공장의 폐액 따위가 해변가에 질퍽질퍽하게 굳어진 것)로서 사방으로 흩뿌려진 것을 어떻게 해서 고정시키고 무해화하느냐에 대해서는 현재 이렇다 할 해결책이 없다. 여기서는 촉매적 견지에서 수은의 문제점을 지적하고자 한다.

미나마타병이 공장 폐수 속 수은에 의한 중독증상이었다는 것은 잘 알려진 일이다. 그 수은의 원천이 촉매였다. 아세틸렌을 수화(水和)하여 아세트알데히드를 만드는 데 사용하는 황산수은($HgSO_4$)이 배수에 섞여 바다로 흘러나가 이것이 메틸수은으로 변화하여 바닷물에 녹는다. 그러면 그것이 물고기의 체내에 농축되고 그 물고기를 계속 먹은 사람의 체내에 축적해서 뇌세포를 파괴한 것이다. 이것은 바다로 배출되면 희석이 되어 독이 없어질 것이라고 맹신한 인류가 자연계의 먹이연쇄를 통하여 자연으로부터 받게 된 통렬한 보복이었다.

    수은에 의한 오염원은 이 촉매만이 아니다. 더욱더 대량의 수은농약이 방부제로서 사용되었고, 소독약으로서 대량으로 사용되었던 머큐로크롬액이나 승홍수(昇汞水, 염화수은 $HgCl_2$의 희석용액)가 병원으로부터 자취를 감춘 것은 바로 수년 전의 일이었다. 바닷물을 전기분해하여 염소가스와 가성소다($NaOH$)를 만드는 소다공업에서는 지금도 대량의 금속 수은이 사용되고 있다. 소금물을 전기분해할 때 ⊖극으로부터 액체의 수은을 흘려보내면서 사용하면 Na가 수은에 녹아 나온다. 이것을 분류(分溜)하면 순도가 높은 나트륨 금속이 얻어진다. 나트륨은 물과 맹렬하게 반응하여 가성소다를 생성하며, 전기분해가 끝난 바닷물은 폐수로서 대량으로 배출된다. 펄프공장으로부터도 대량의 수은제가 오니와 함께 계속 배출되었다. 이것은 목재의 방부제로 사용되었던 것이다. 이제야 폐수의 수질 기준에 '수은이 검출되지 않을 것'이 포함됐지만, 지금까지 계속 흘려보냈던 수은은 회수할 방법이 없다. 오니와 함께 호수나 깊숙이 후미진 만(灣) 바닥에 고인 수은으로부터 언제 다시 미나마타병의 보복을 받게 될지 상상조차 할 수 없다. 현재로는 여러 가지 수은제 중 동물의 체내에 흡수되어 미나마타병을 일으키는 것은 메틸수은뿐이라고 한다. 따라서 수은제가 메틸화되는 것이 두렵다. 최근 이와 같은 우려가 있는 호수나 만의 오니를 준설하거나 매립하는 계획이 보도되었는데, 이것에 대해서는 매우 염려되는 연구 보고가 나와 있다. 1975년을 전후하여 발표된 오카야마대학의 후지다 박사의 보고인데, 초산 수용액 속에서 무기 수은에 자외선을 쬐었더니 황화수은(HgS)의 촉매작용에 의해 무기 수은이 메틸화 수은으로 된다고 하는 것이다. 바다의 오니를 퍼내어 하천부지 등의 매립에 사용할 경우 어떻게 될까? 오니에는 메틸화제(劑)로서의 유기물 및 수은을 황화수은으로 바꾸는 황화물(악취의 원인 물질)이 많이 들어 있다. 이것에 태양의 자외선이 닿거나 비가 내리면 오니로부터 메틸화 수은이 추출되어 바다로 흘러갈 것은 뻔한 일이다.

이렇다 할 대책은 아직 없다. 우선 가능한 일은 해롭다는 것을 알면 즉각 사용을 중지하는 일이다. 전에 시베리아의 삼림 한복판에 있는 과학도시 노보시비르스크를 방문했을 때, 저녁 때가 되면 사람들이 모두 나뭇가지를 들고 산책을 나가는 것을 보았다. 이유를 물어보았다. "삼림의 병충해 구제에 농약을 뿌렸더니 동물과 곤충이 사멸해 버렸다. 자연을 파괴하기보다는 모기에게 물리는 것쯤은 참지 않아서야……."라고 생각하는 철저한 정신에는 깊은 감동을 받았다.

제4장

생명과 촉매

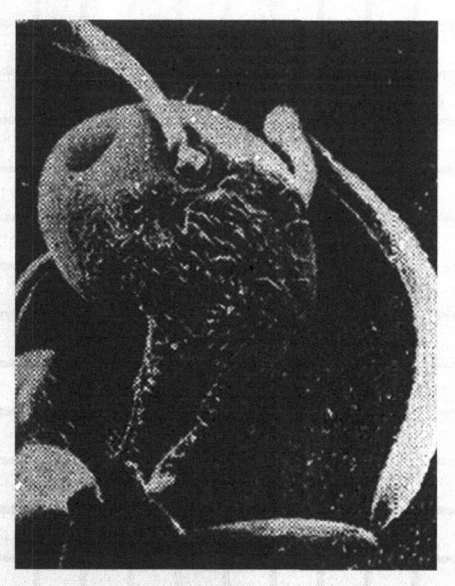

지구의 화학진화

지구가 우주의 일원으로서 태어난 지 약 50억 년이 지났다고 한다. 그 연대사(年代史)를 〈그림 4-1〉에 나타났다.

지구 자체가 어떻게 생성되었는가는 제쳐 놓고 현재 지구 위에 있는 여러 가지 물질이 어떻게 이루어졌으며, 생명이 어떠한 물질적 환경 속에서 어떻게 발생했느냐를 아는 것은 그 자체가 학술적으로 흥미진진할 뿐만 아니라 지구의 장래를 전망하는 데에도 중요하다. 고생물(古生物)학자는 고생물의 화석을 탐사하여 생명의 기원을 캐고 있다. 이 기원을 더 거슬러 올라가면 생명을 태어나게 한 물질적 환경이 어떻게 하여 이루어졌느냐는 것이라는 점에서 〈그림 4-1〉은 지구의 화학진화의 역사를 보여주는 표이다.

고생물학자가 생물의 진화를 알기 위하여 고생물의 화석을 조사하듯이 암석에 미량으로 갇혀 있을 유기화합물을 조사함으로써 지구의 화학진화 양상을 알 수 있다. 암석의 연대는 거기에 들어 있는 동위원소[21]의 양을 측정함으로써 알 수 있다. 그래서 지구 위에 출현했을 것으로 생각되는 유기화합물이 흙모래와 함께 퇴적하여 생성된 혈암(頁岩)이나 그 밖의 암석에 들어 있을 미량의 유기화합물을 분석하는 연구는 최근 20~30년 사이에 분석기기 개발에 따라서 급속히 발전했다. 연대가 알려져 있는 암석을 잘게 부수어 적당한 용제(溶劑)와 함께 흔들어 섞고 거기에서 녹아 나오는 유기화합물을 질량분석계[22], 가스 크로마

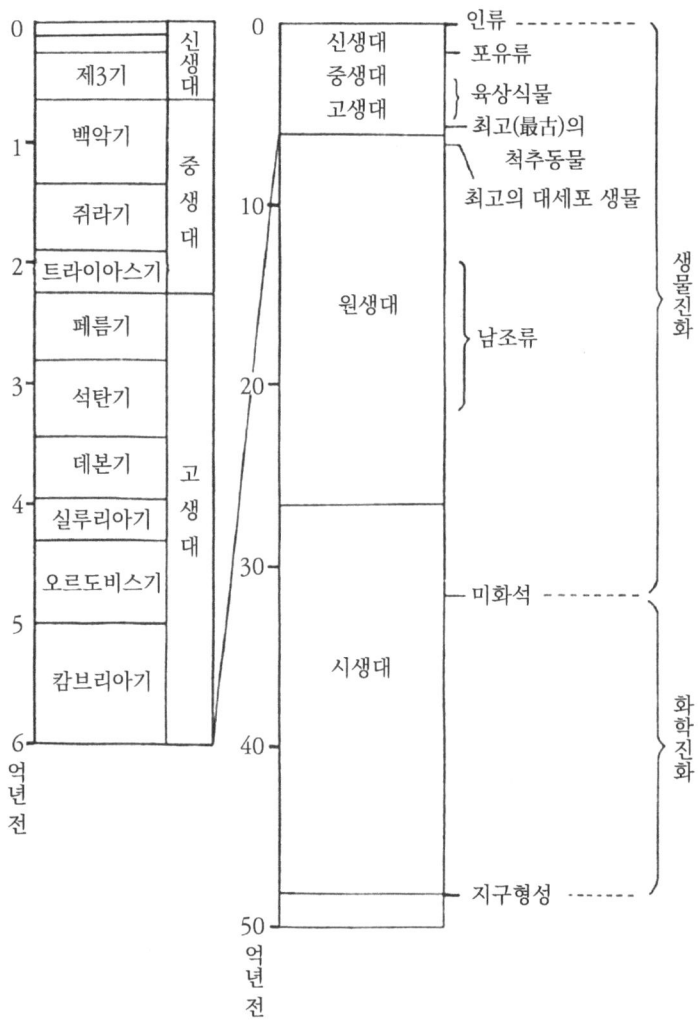

그림 4-1 | 지구의 역사

토그래프*23)나 액체 크로마토그래프 또는 각종 분석기에 걸면 추출된 유기화합물이 어떤 원소 조정과 어떤 구조로 되어 있는지를 알 수 있다.

노벨 화학상을 받은 캘빈(Melvin Calvin, 1911~1997) 박사의 명저 『화학진화』를 참고로 하여 지구의 화학진화에서의 '촉매의 역할'을 한번 살펴보자.

10억 년 전의 혈암에서 지방산과 엽록소나 혈색소(血色素)의 골격 화합물인 포피린이 발견되었다. 〈그림 4-1〉을 보면 다세포생물이 발생하기 이전에 이 화합물이 생성되어 있었던 것을 알 수 있다. 더 오래된 것으로는 27억 년 전의 소오단혈암이나 31억 년 전의 휘그쓰리혈암 및 37억 년 전의 온벨우하트혈암으로부터는 파라핀계(탄소원자가 곧은 사슬 모양으로 포화결합한 것)의 탄화수소가 발견되었다.

이 탄화수소의 분포(분자의 종류와 존재량과 비율)가 현대의 말(藻)류로부터 추출한 탄화수소의 분포와 흡사하여 비생물적 방법(이를테면 메탄가스 속의 불꽃방전이나 탄화철과 물의 반응)에 의해서 합성한 탄화수소의 분포와는 다른 것으로 보아 남조(藍藻)보다도 훨씬 이전(〈그림 4-1〉 참조)인 이 시대에도 '세포벽'을 갖지 않은 원시생물이 존재한 것으로 여겨졌다. 그 후 철을 촉매로 사용한 피셔-트롭쉬 합성에 의해서 같은 분포의 탄화수소가 일산화탄소와 수소로 합성된다는 것을 알게 됨으로써 30억 년 전의 생명설은 수상스러워졌다. 이 예에서처럼 지금은 생물의 모체인 화학물질이 비생물적으로 만들어졌다고 하는 설의 유력한 근거 중 하나로 무기화합물의 촉매작용을 생각하고 있다.

여러 가지 유기화합물이 들어 있는 혈암의 태고적 지표의 퇴적물이었던 점으로 보아 그것들의 유기화합물이 만들어지는 근원물질은 지표의 물과 원시대기였다고 생각할 수 있다. 태양을 도는 목성이나 그 밖의 행성(行星)의 대기조성(이것은 분광스펙트럼으로 알 수 있다)을 참작하여 지구 창생기의 지구대기는 목성 상층부의 대기와 같고 물, 수소, 헬륨, 메탄, 암모늄이 주성분이다. 지구가 수축하고 열을 발생하는 데 따라 목성 하층부의 대기가 마찬가지로 지각으로부터 일산화탄소나 탄산가스를 방출한 것이라고 추정하고 있다.

현재 지구대기의 주성분은 질소 N_2와 산소 O_2가 4:1의 비율이지만 그렇게 된 것은 지구의 수축과 발열에 수반하여 수소와 헬륨 등의 가벼운 성분은 대기 밖으로 빠져나가고, 생물이 발생하고 나서부터 탄산가스 동화작용에 의해 탄산가스와 물로부터 산소가 유리(遊離)되었기 때문이라고 생각하고 있다.

$$\text{탄산가스 동화작용:}$$
$$CO_2 + H_2O \rightarrow (HCHO)n + O_2 \qquad (4\text{-}1)$$

반응 (4-1)을 촉진한 것은 식물체 내의 광합성 촉매인 엽록소이고 반응의 에너지원은 태양빛이다. 이처럼 지구의 대기가 산소를 함유하게 된 것이 식물에 의한 것이라면 지구의 역사로는 극히 최근의 사건이라고 생각된다.

아 미 노 산	열합성 : 950°C S. Fox(1964)	방전합성 S. L. Miller(1953)
아스파르트산	2.5%	0.3%
글루탐산	3.1	0.5
글리신	68.8	50.8
알라닌	16.9	27.4
β-알라닌	1.9	12.1
세린	1.5	–
라이신	–	–
α-아미노낙산	–	4.0
살코신	–	4.0

표 4-1 | 원시대기(H_2+NH_3+CH_4)로부터의 합성아미노산

지구의 원시대기에는 강렬한 태양광선과 방사선이 내리쬐고 또 원시지구의 뜨거운 지각에 의해 가열되고 있었다. 이런 상태를 모방하여 1950년 캘빈 박사는 촉매로서 작용한 것으로 상상되는 철이온(Fe^{2+})과 탄산가스, 수소를 함유하는 수용액에 헬륨 램프의 빛(자외선)을 쬐어 탄산가스의 22%에 해당하는 개미산(HCOOH)과 0.13%의 포름알데히드(HCHO)가 생성되는 것을 발견했다. 이 모형 대기에 암모니아, 메탄을 넣을 때는 여러 가지 아미노산이 된다.

〈표 4-1〉은 암모니아, 메탄과 과잉수소, 수증기의 혼합물을 원시대기로 가정했던 폭스 박사의 실리카겔[*24](SiO_2)을 촉매로 한 열합성과 밀

러 박사의 방전합성(放電合成)의 실험 결과이다. 표에는 아미노산만을 표시했지만 방전에서는 이 밖에 글리콜산, 젖산, 아세트산, 프로피온산 외에도 다량의 청산(4-2식) 및 개미산을 발견했다. 열합성 실험에 촉매로 사용된 실리카겔은 원시지구의 지표에 대량으로 존재했었다고 생각된다.

$$H_2 + N_2 + CO \xrightarrow[\text{열, 방사선}]{\text{촉매}} \underset{\text{(청산)}}{HCN} + H_2O \quad (4\text{-}2)$$

같은 모형 대기에 방사선의 일종으로서 전자선(電子線)을 쬐이자 불꽃방전보다도 다량의 청산이 나왔다는 것은 흥미롭다. 지금에서야 청산이나 일산화탄소가 생체에 있어서는 맹독의 것이지만, 그 이유는 생체의 화합물이 그것의 발생 당시에는 청산이나 일산화탄소와 강한 친화(親和) 관계가 있었다는 것을 시사한다.

아미노산을 특징짓는 탄소와 질소 결합의 출발점이 청산에서 비롯되었다고 생각해 지구의 화학진화가 한창일 때 일어났으리라고 짐작되는 청산으로부터 아미노산을 만드는 촉매반응에 대해 여러 가지 합성모형이 제안되었다.

이를테면 생체반응에서 중요한 효소 카탈레이스(〈그림 4-3〉의 (c))나 핵산(〈그림 4-7, 4-8〉)의 분자에 공통으로 들어 있는 이미다졸의 5각형 고리

(약해서   )   (4-3)

는 4개의 청산분자로부터 다음과 같이 생성된 것으로 생각한다.

$$\left.\begin{array}{l}N\equiv C-H \\ H-C\equiv N \\ N\equiv C-H\end{array}\right\} \longrightarrow \begin{array}{l}N\equiv C \\ H-C-NH_2 \\ N\equiv C\end{array} \xrightarrow{HCN}$$

아미노시안 이미다졸
(4-4)

약 10년 전 메탄, 암모니아, 수소와 물의 혼합가스 속에서 방전을 하면 포르피린이 생기고 포르피린의 생성은 이때 2가(價)의 철이온(Fe^{2+})이나 마그네슘이온(Mg^{2+})이 공존하면 효과적이라는 것이 보고되었다. 방전에 의해서

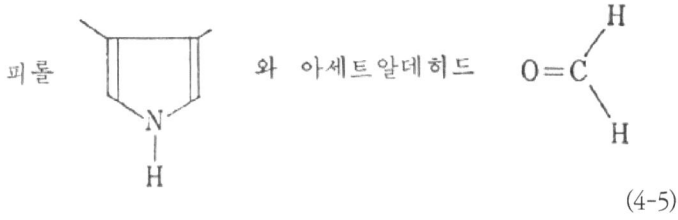

(4-5)

이 되면 이것으로부터 〈그림 4-2〉와 같이 포르피린이 형성된다. 포르피린 분자의 4개의 질소원자 중심에 Mg^{2+}가 들어가면 식물의 광합성 촉매인 엽록소(클로로필)가, Fe^{2+}가 들어가면 동물체 내에서 산화환원반응 및 산소의 운반을 관장하는 혈색소(헴)의 본체가 만들어진다.

헴의 중심 금속인 철이온은 과산화수소가 물과 산소로 분해하는 반응

$$2H_2O_2 \rightarrow 2H_2O + O_2 \qquad (4\text{-}6)$$

을 촉매하지만 유리된 3가의 철이온(Fe^{3+})으로 물속에서 물분자에 둘러싸여 있는 상태(〈그림 4-3〉의 (a))와 비교하면 포르피린의 중심에 들어가서 헴(〈그림 4-3〉의 (b))으로 된 상태의 촉매 활성은 약 1,000만 배나 크다. 〈그림 4-3〉의 (c)처럼 헴의 철이온에 2개의 이미다졸분자를 중개해서 단백질이 배위결합(配位結合)해 있는 효소인 카탈레이스의 촉매 활성은 (6)보다 1,000배나 더 크다.

이렇게 비생물적인 유기화합물이 합성되면 그중 어떤 것은 촉매로서 특정 합성반응을 촉진하고, 그것에 의해 촉매 자체도 개량된다. 결

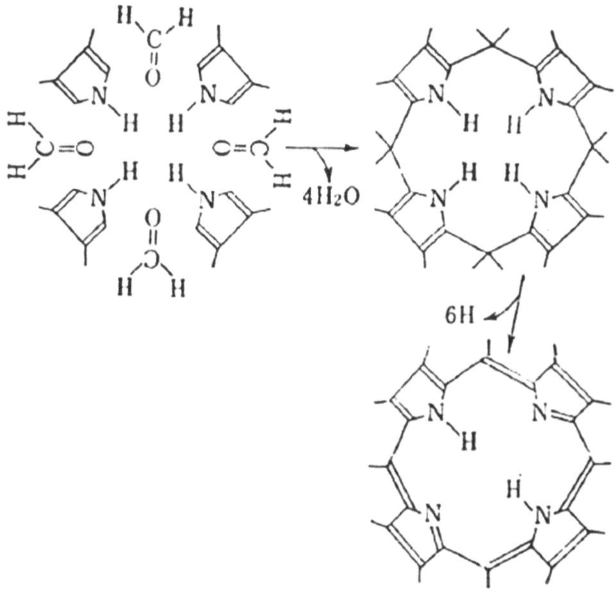

그림 4-2 | 4분자의 피롤과 4분자의 아세트알데히드로부터 포르피린의 합성

국은 효소처럼 촉매로서 고도의 활성이나 반응에서 선택적인 것이 만들어진다. 한편, 핵산과 같은 물질은 보다 큰 생물의 특징이다. 자기증식을 하는 촉매작용을 가지고 스스로 에너지를 저장하여 그것을 특정 반응에 선택적으로 소비하고 끝내는 생명의 탄생으로 이어졌다고 생각한다.

이렇게 생각해 온 지구 위의 화학진화, 생명의 진화가 조금씩 환경의 변화에 순응하면서 수십억 년이라는 긴 세월을 거쳐 일어났다는 사

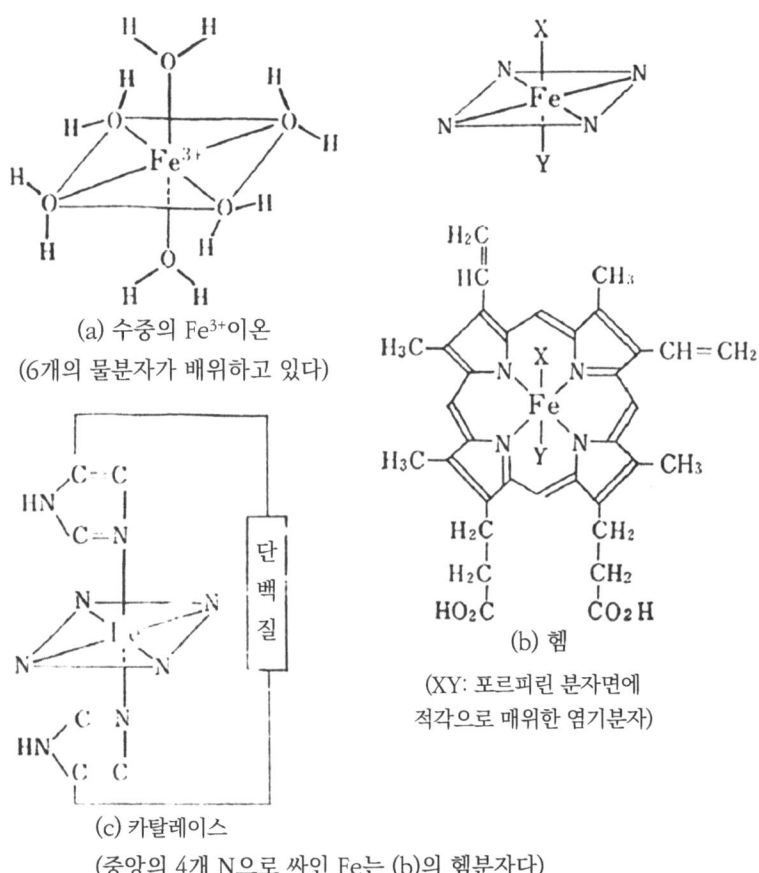

(a) 수중의 Fe^{3+}이온
(6개의 물분자가 배위하고 있다)

(b) 헴
(XY: 포르피린 분자면에 적각으로 배위한 염기분자)

(c) 카탈레이스
(중앙의 4개 N으로 싸인 Fe는 (b)의 헴분자다)

그림 4-3 | 과산화 수소분해를 촉매하는 철이온의 3가지 형태

실에 주의해야 한다. 제3장에 소개한 대형 나방은 날개 색깔을 밝은 황록색으로부터 어두운 흑갈색으로 바꾸는 공업암화(工業暗化) 현상을 일으켜 살아남는 데 약 100년이라고 하는 긴 세월이 소요되었다.

이런 사실을 토대로 지구의 단기간의 장래를 생각하더라도 가장 걱정스러운 것은 최근 20~30년 사이에 급속히 진행된 환경오염에 적응하여 지표의 생명이 그대로 생존을 유지할 수 있을까 하는 점이다. 아마도 지나치게 섬세하게 고도로 진화해버린 현재의 생명체는 이 환경변화에 대응하지 못하고 오염에 둔감한 종(種)만이 생존을 계속하게 될 것이다.

우주선이나 해중선(海中船)에 해당하는 고압탱크 속에서 며칠간을 생활했다느니 하는 실험 결과가 보고되고 있지만 이것은 지구의 격리된 자연환경으로부터, 그리고 인간이 생활할 수 있는 좁은 공간을 인공적으로 만들어낸 실험이지 오염환경과는 아무 상관도 없다. 지구라고 하는 거대한 우주선 속에서는 지금의 오염 정도라면 이미 영향이 나타나 있기는 하지만 그래도 그럭저럭 살아갈 수 있을 것 같다. 그 이상으로 환경이 오염되지 않게 하는 것이 우선은 중요한 일이라고 할 수 있다.

환경 정화대책과 일맥상통하는 것으로 암 대책이 있다. 암을 근절하기 위한 연구는 그대로 인간의 생태(生態)나 유전자에 직접 인공적인 변화를 가하는 연구와 연결되어 있다. 한 걸음 잘못 내디디면 그것은 인간개조와 직결된다. 가난한 사람의 초조한 마음이 인류생존의 장래를 위태롭게 하지 않도록 인간의 슬기를 믿을 뿐이다.

광학활성물질[25]

잘 알려진 글루탐산소다(MSG)는 아미노산의 일종인 L-글루탐산의 나트륨염이다. 1908년 이케다 박사가 다시마즙 맛의 원인 물질이 이 화합물인 것을 밝혀내고 그것의 제조가 공업화된 무렵에 밀의 단백질을 산(酸) 촉매로 가수분해해서 만들고 있었다. 지금은 연간 10만 톤 이상이 완전히 인공적으로 합성되고 있다. 여기서 흥미로운 일은 자연계의 단백질로부터 얻는 것은 L형뿐이고 인공합성에서는 L형과 D형의 등량혼합물이 생성된다는 것이다. D형은 같은 글루탐산이면서도 맛을 내는 성질(정미성)이 없고, 조미료의 원료로는 아무 쓸모가 없다.

광학활성물질은 광학활성인 원료에서만 합성되는 것이라고 생각해 왔지만 그렇지가 않다. 〈그림 4-4〉의 (a)는 아세트알데히드 분자로서 한 평면 내에 있으며, 광학적으로는 불활성(不活性)이다. 이것을 금속 니켈 촉매로 수소화하여 에틸알코올을 만들 때 입체면의 어느 쪽으로부터 수소원자가 이중결합에 부가되느냐에 따라서 (b)처럼 두 가지가 만들어진다.

$$CH_3 \cdot CHO + H_2 \xrightarrow{Ni} CH_3 \cdot CH_2 \cdot OH \qquad (4-7)$$

그러나 (b)의 위쪽 분자를 CH_3과 중심의 C를 통과하는 축 둘레에 120°를 우회전하면 아래쪽 분자와 똑같이 되는 것을 알 수 있다. 따라서

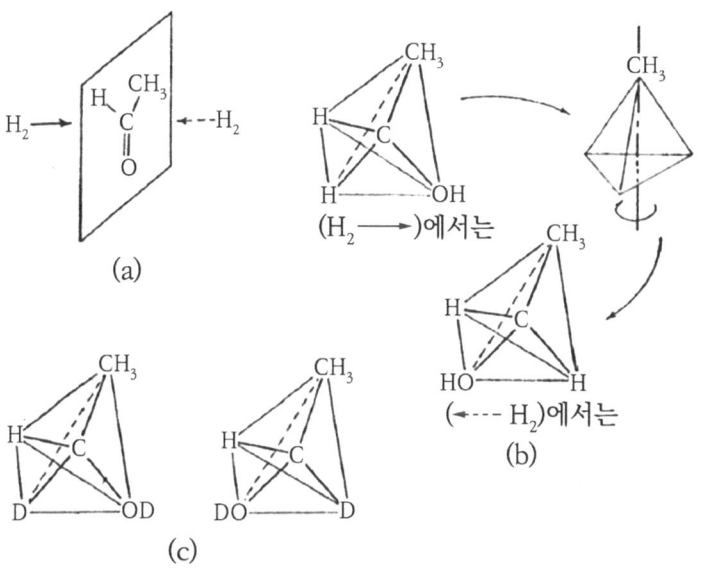

그림 4-4 | 아세트알데히드의 중수소화와 광학활성 에틸알코올

보통의 에틸알코올에 광학 활성체는 존재하지 않는다. 〈그림 4-4〉의 (c)는 H_2 대신 중수소분자 D_2로 수소화된 경우의 에틸알코올이다. 이때는 H와 D가 구별되기 때문에 중심의 탄소원자 4개의 결합수가 모두 다르며 광학활성인 D 및 L-중에틸알코올이 얻어진다. 이와 같은 생각을 따라 오사카대학의 이즈미 박사 등은 광학적으로 불활성화화합물을 수소화함으로써 여러 가지 광학활성물질을 만들고 있다. 당초의 촉매는 천연의 명주에 금속팔라듐을 부착한 것이었으나 그 후 금속니켈에 광학활성인 주석산을 흡착시킨 것을 쓰고 있다. 금속팔라듐이나 니켈은 수

소분자를 2개의 흡착 수소원자로 나누는 작용을 하며 명주(광학활성인 L-아미노산을 함유하는 단백질)나 광학활성인 주석산이 명주나 니켈의 표면에 미리 흡착되어 있는데, 그 이웃에 수소화될 상대 분자(효소반응을 본떠 '기질(基質)'이라고 한다)가 흡착할 때의 분자의 겉과 뒤를 구별하는 것이다.

L-글루탐산소다의 공업적인 생산의 당초 원료였던 밀의 대부분은 수입에 의존하고 있었으므로 당연히 값싼 원료로 전환하기 위한 기술 개발이 이루어졌다. 1957년 일본의 K회사는 포도당에 질소화합물을 섞어서 만든 기질(발효 대상물)을 특별한 균으로서 발효시켜 생물학적으로 합성하는 방법을 개발했다. 이어서 1963년에는 A회사가 석유로부터 만들어지는 아크릴로니트릴($H_2C=CH \cdot CN$), 수소, 일산화탄소, 메탄 암모니아와 가성소다를 원료로 하여 대량으로 화학합성하는 방법을 개발했다. A회사의 방법은 전적으로 비생물적인 화학합성이므로 D형과 L형이 같은 양으로 생성된다. 여기에 L형 결정의 씨앗이 들어가면 이 결정의 표면이 L형만을 구별하여 취한 뒤 L형만을 결정으로서 분리한다.

나머지 0형 용액은 가열에 의해 쉽게 라세미화[*26](D형과 L형의 등량의 혼합물로 이성화(異性化)하는 것)되므로 이것을 다시 결정으로 분별한다. 이와 같이 종래에는 용도가 없었던 D-글루탐산소다도 L형의 조미료로 만들 수 있게 되었다.

효소의 고정화

앞에서 설명한 것도 자연계만이 할 수 있었던 광학활성물질의 합성을 인공적으로 시도한 것이지만 자연계의 산물 전체를 인공적으로 합성하는 것은 아직 거의 불가능하다. 그래서 자연계로부터 특정균이나 효모를 추출·배양하고 그 배양액으로부터 목적하는 화합물을 추출·배양하는 것이 현재 하고 있는 공업적인 방법이다. 이러한 추출·적재 단계에서 대부분의 효소는 파괴되어 버린다. 즉, 효소의 이용은 단 한 번으로 한정된다. 술이나 맥주의 가열처리는 이것의 대표적인 예이다. 이렇게 해서 일본에서만 연간 200억 엔 이상의 각종 효소가 생산되고 그것을 사용해서 2,000억 엔 가까운 제품이 생산되고 있다.

효소를 고정화시킬 수 있다면 배양액으로부터 효소를 쉽게 분리할 수 있다. 또 화학공업에서 사용되고 있는 일반적인 촉매처럼 고체화된 효소를 넣은 반응탑에 배양액을 흘려보내는 유통법(流通法)에 의해서 연속적으로 제품을 만들 수 있다. '효소의 고정화'가 바로 이것으로 식품·약품 관련 업계를 중심으로 열정적인 연구가 진행되고 있다.

효소를 그 촉매활성을 떨어뜨리지 않고 고체화하여 물에 녹지 않게 하는 방법으로는 대별해서 다음의 네 가지를 생각하고 있다.

즉, 담체법(擔体法), 가교법(架橋法), 포괄법(包括法), 마이크로캡슐법(〈그림 4-5〉 참조)이다. 어느 것이나 다 의약품의 제조 분야에서 복용 후의 효력을 지속시키는 방법으로서 실적이 있다.

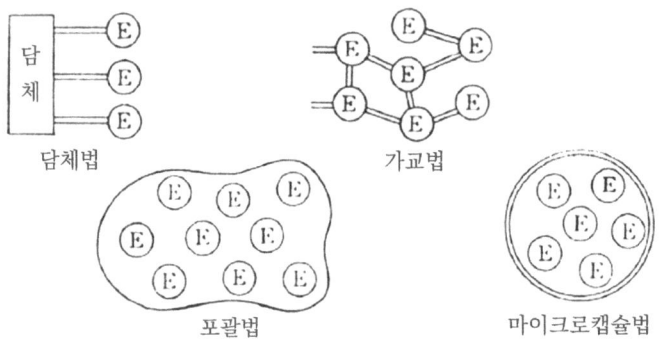

그림 4-5 | 효소의 ⓔ의 고정화법

담체법은 천연 또는 합성섬유, 알루미늄, 실리카 등 고형 화합물 등에 효소를 부착시켜 고정하는 방법인데 단순히 효소를 흡착시킨 것만으로는 떨어지기 쉬우므로 적당한 시약(試藥)을 중간에 삽입하여 화학적으로 접착한다. 이를테면 실용적으로 성공한 녹말당화효소 아밀라아제의 다공질(多孔質) 유리의 고정화에서는 〈그림 4-6〉처럼 탄소 사슬의 한편에는 유리 성분인 SiO_2를, 다른 쪽 끝에는 단백질 성분인 아미노기($-NH_2$)를 가진 아미노 알킬실란이라는 화합물로서 다공질 유리의 표면을 처리하고 다시 아미노기와 효소를 결합시키기 위해서 티오시안산(겨자기름의 주성분)을 화학적인 접착제로 사용한다.

가교법은 글루타르알데히드 등의 효소 사이에 다리를 놓는 시약과 효소를 함께 중합시켜서 물에 녹지 않게 하는 방법으로서 그것의 실용

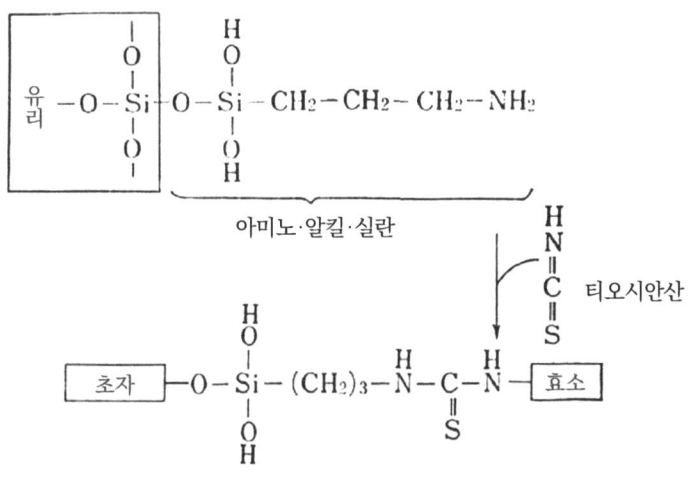

그림 4-6 | 효소의 고정화: 아밀라아제와 유리의 화학적인 접착

화는 아직 요원하다.

포괄법은 한천, 곤약 또는 콜라겐(동물의 가죽이나 심줄 등의 단백질) 등 물에 녹지 않는 겔에 효소를 집어넣는 방법이다. 물론 겔은 반응의 기질이나 생성물을 잘 통과하는 것이어야 한다. 아스파라긴산의 제조(효소 아스파르타제를 사용) 외에 과당(포도당 이성화 아밀라아제)이나 글루탐산(글루탐산 발효균) 등의 제조에 각각 괄호 안의 효소나 발효균을 합성수지인 폴리아크릴아마이드 겔로 고정화하는 것이 시도되고 있지만 이 합성수지의 단체(單休)인 아크릴아마이드가 독성이 있는 물질이어서 식료품 제조에는 사용하기 어렵다.

마이크로캡슐법은 포괄법에서 사용되는 겔을 얄팍한 막으로 성형해서 효소 또는 균을 감싸는 방법으로 포괄법처럼 독성이 없는 막의 재료여야 한다.

대사와 증식

글루탐산소다 이야기가 나온 김에 5′-이노신산과 5′-구아닐산에 대해서 언급해 두겠다. 이 화합물은 쪄서 말린 가다랑어포의 밑 국물의 근원 성분이며 L-글루탐산과 함께 사용하면 맛을 내는 효과가 상승적으로 증가하는 것을 알아내 현재 '하이미'라는 상품명으로 시판되고 있다(우리나라에서는 '핵산 조미료'로 선전되고 있다). 모두 생체의 세포 내에 들어 있으며 유전이나 어떤 종류의 단백질 합성을 관장하는 '핵산(核酸)'이라고 불리는 한 무리의 화합물의 성분이다. 아직 비생물적으로 합성하는 데에는 이르지 못했지만 특수한 균을 사용한 발효법에 의해서 공업적으로 생산되고 있다. 〈그림 4-7〉의 5′-이노신산 중 동그라미로 표시한 H 대신 아미노기($-NH_2$)가 결합되어 있는 것이 5′-구아닐산이다.

5′-이노신산과 흡사한 핵산 성분에 아데노신 3인산(ATP)이 있다. 생체 내에서 일어나는 여러 가지 화학반응에서 생성되는 에너지를 〈그림 4-8〉과 같이 아데노신 2인산(ADT)과 인산으로부터 ATP가 생성되어 저장된다. 필요에 따라 ATP가 ADP로 환원됨으로써 에너지를 방출하여

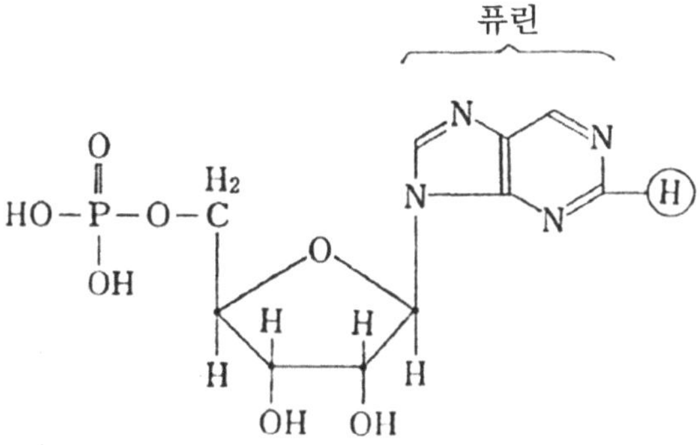

그림 4-7 | 5′-이노신산분자

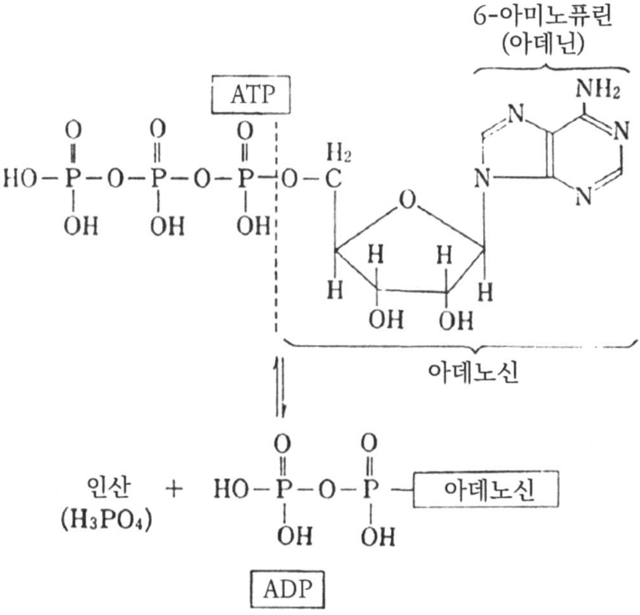

그림 4-8 | 아데노신 3인산(ATP)의 가수분해

필요한 생체의 운동(근육의 수축이나 심장의 고동 등)을 일으키는 중요한 화합물이다.

여기에 든 핵산 성분은 모두 5각형의 5탄당(炭糖)과 퓨린으로 이루어지는 공통의 골격화합물을 가졌으며 그것에 결합해 있는 곁사슬이 조금씩 다를 뿐인데도 생체 내 반응에서의 역할은 확연하게 다르다.

생체 내에서 알코올 발효나 여러 가지 화학반응을 촉진하는 효소는 고도로 진화된 촉매이다. 그보다도 더 핵산은 세포 내에서 바이러스, 염색체, 세포질 과립(果粒)의 증식과 같은 자기와 꼭 같은 것을 합성하는 촉매작용(자기 증식성이라고 한다)을 가진 점에서 가장 생화학(生化學)적으로 진화되어 있다.

효소나 핵산은 혈색소나 이노신산과 같은 유리(遊離)된 화합물의 형태로 작용하고 있는 것이 아니고 분자의 무게가 수소원자의 수백만에서 1천만 배에 달하는 거대한 단백질과 결합한 형태로 비로소 그 작용을 효과적으로 발휘한다. 더군다나 그 단백질 분자 중에서 아미노산기의 배열방식이 일정하며 여러 가지 아미노산기가 결합해서 이루어진 단백질의 끄나풀은 복잡하게 서로 얽혀서 일정한 배열을 취하고 있다. 이때 특별한 모양을 가진 기질만 적합하게끔 결합 주머니가 형성되고 그 거푸집 안쪽에서는 이미 다즐기 등의 특정 아미노산의 곁사슬이 배열되어 거푸집 전체로서 거기에 끼워 넣어지는 특정 기질에 지극히 선택적인 촉매작용을 미친다.

예를 들어보자. 동물의 단백질 대사(代謝)에 없어서는 안 되는 단백

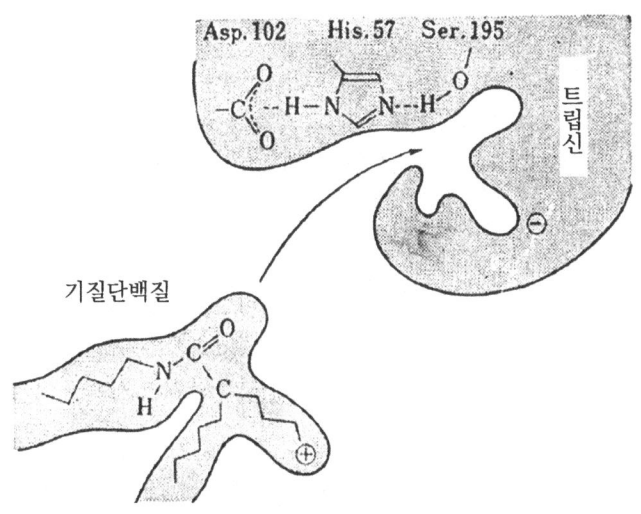

그림 4-9 | 트립신의 단백질 분해활성점과 기질의 관계

질 분해효소의 하나로 트립신이 있다. 이것은 245개의 여러 가지 아미노산기가 끈처럼 이어져서 단백질을 만들고 서로 얽혀서 한 덩어리로 되어 있다. 그리고 분해해야 할 기질 단백질의 특정결합을 받아들이는 거푸집이 〈그림 4-9〉처럼 형성되어 그 거푸집에는 트립신의 102번째 아미노산인 아스파르트산의 CO_2기, 57번째의 히스티딘의 이미다졸기, 195번째의 세린 -OH기가 그림처럼 촉매작용의 활성 중심체로서 질서 정연하게 드러나 있다. 이 활성 중심과 기질 사이에서 수소원자와 전자(電子)의 결합이 절단되는 동시에 효소의 활성점이 복원된다.

이러한 사고방식으로 단백질 분해효소인 트립신, 키모트립신, 에스

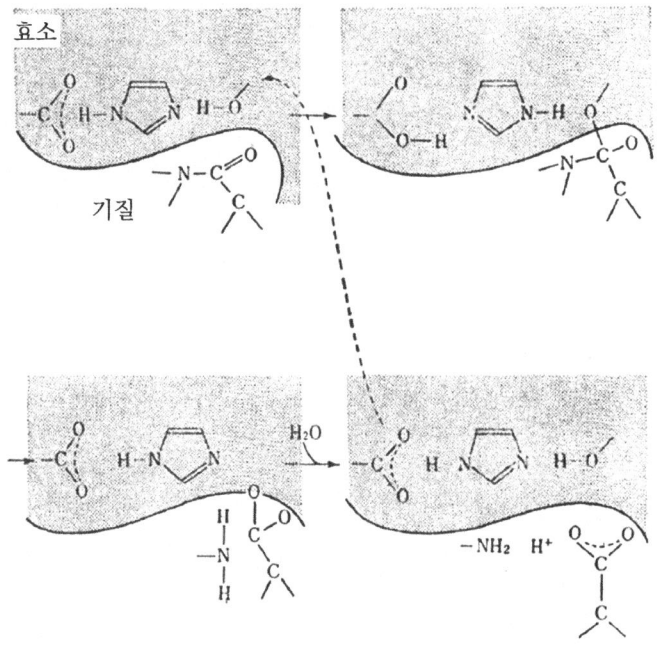

그림 4-10 | 단백질효소의 촉매작용

테라제가 같은 기질 단백질에 작용하더라도 절단하는 결합이 각각 다르다는 것이 설명된다.

또 이러한 생각으로 핵산에 의한 생체 내에서의 자기증식작용이나 유전, 면역작용 등을 이해하려고 하는 시도가 분자생물학, 분자물리학으로서 최근에 발전한 학문의 영역이다.

백금착제와 제암작용

마지막으로 제암제(制癌劑)로서 흥미로운 백금착제(白金錯休)의 이야기를 소개하겠다. 1964년 미국 미시간 주립대학의 연구실에서 대장균의 배양에 대해 연구 중이던 로센버그(B. Rosenberg) 박사팀은 시험 삼아 배양접시에 백금전극을 넣고 전류를 통하게 해보았다. 그런데 대장균이 세포분열을 하지 않은 채 가늘고 기다란 섬유 상태로 증식하는 것을 발견했다. 이상한 균의 증식 원인을 찾기 위한 많은 실험을 반복해서 마침내 배양액에 포함되어 있던 10ppm(10만 분의 1의 농도) 정도의 백금화합물이 원인이라는 것을 밝혀냈다. 또 여러 가지 백금화합물의 효과를 조사하여 〈그림 4-11〉의 (a)의 것임을 알아냈다. (a)의 착체는 두 개의 암모니아분자가 백금의 같은 쪽에 배위(配位)되어 있으므로 시스형(cis), (b)는 마주 보고 있는 배위여서 트랜스형(trans)이라 불린다. 트랜스형의 착체는 대장균 증식에는 아무 효과가 없었다는 것이 흥미롭다. 그래서 흰쥐에 이식한 피부암의 세포증식에 대한 효과를 조사했다. 역시 트랜스형은 아무 작용이 없는데도 시스형의 치료효과는 뛰어났다. 암을 이식해서 방치해둔 쥐는 21일 만에 죽는 데 반해서 이식 후 8일째에 〈그림 4-11〉 (a)의 시스형 착체를 체중 1kg당 8mg을 한 번 주사하자 1개월이 안 되어 완치되었다. 다시 11개월 후에 암을 이식했지만 면역성을 지니고 있어서 암은 발생하지 않았다고 한다. 제암제로서 당장 인체에 사용하기에는 유전에 대한 악영향 등 부작용의 염려가 있

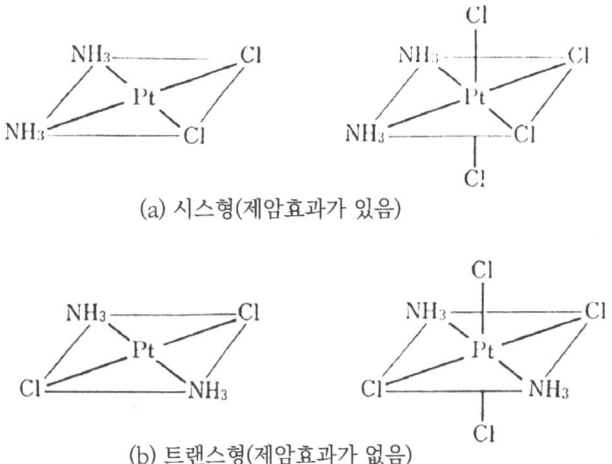

(a) 시스형(제암효과가 있음)

(b) 트랜스형(제암효과가 없음)

그림 4-11 | 염화백금 암모니아 착체

으므로 현재 미국 국립 암연구소의 주선으로 구미의 연구자들이 연구팀을 짜서 개량과 제암제의 개발에 몰두하고 있다. 최근의 보고에 따르면 두 개의 배위한 암모니아분자를 여러 가지 아민으로 치환함으로써 약제 효과가 어떻게 바뀌는가를 조사하고 있다. 현재로는 이 백금착제의 약제효과는 비정상적인 증식을 하는 세포핵에 작용해서 핵산 속 이상 부분의 아미노산을 선택적으로 배위하게 함으로써 이상 부분을 떼어 내어 세포를 정상으로 되돌리는 촉매작용에 기인하는 것으로 생각하고 있다. 아무튼 이와 같은 비율로 간단한 금속착체가 제암작용을 지닌다는 것은 흥미롭다.

극히 최근의 정보에 따르면 이 백금착체가 제암제인 '플라티놀(미국)', '네오플라틴(영국)'이라는 이름으로 시판 단계에까지 이르렀다고 한다. 그러나 암의 종류에 따라 그 효과가 한정되는 것 같다.

제5장

촉매의 기구를 밝힌다(1)

어느 고등학교의 사친회에서 다음과 같은 내용이 화제로 올랐다. '대학 입시 준비 때문에 자녀들의 몰골이 말이 아니며, 학습 내용도 어려워서 도저히 따라갈 수가 없다. 부모로서는 걱정이 태산 같지만 속수무책으로 애만 태울 뿐이다. 그런즉 우리도 자녀들이 장래에 취직하게 될 여러 직장을 직접 견학해서 우리의 사회적 시야를 넓히도록 노력해보면 어떨까?'

여기서 거론된 제안 중 하나가 화학공장을 견학하자는 것이었다. '우리 신변에 범람하고 있는 합성물질의 대부분이 석유로부터 만들어지고 있다. 앞으로는 약품의 범주를 넘어서 식품도 그렇게 되리라고 듣고 있다. 그 현장을 한번 견학하자.'라는 것이다. 다행히 어떤 회사와 교섭이 되어 어느 날 버스를 타고 견학을 간 것까지는 좋았으나, 하루 동안에 〈사진 1〉과 같은 금속으로 만들어진 거대한 탑과 그것들을 연결한 파이프라인 숲속을 걸어 다니다가 몹시 지쳐버렸다. 알게 된 것이라고는 거대한 탑에는 정류탑(精溜塔)과 반응탑(反應塔)이 있고, 그 한 세트마다 각기 다른 제품을 대량으로 생산하고 있다는 것과 또 대부분의 반응탑 속에는 촉매가 채워져서 반응을 일으키고 있으며, 수율을 올리기 위해 반응탑 안의 온도나 압력이 엄밀하게 조절되고 있다는 것이었다.

어쨌든 화학공장의 설비 규모가 크다는 것에 우선 놀랐다. 그리고 물질을 만드는 회사라고 하는 현장에서 가장 우선적으로 생각하고 있는 것은 '시장에 쌓여 있거나 아직 쓰이지도 않는 물질을 보다 값비싼

사진 1 | 화학공장

다른 것으로 개조하는, 즉 물건의 부가가치를 높이는 것이 일본이 공업국으로서의 지위를 확보해 가기 위한 사명이다'라는 생각을 이해할 수 있었다. 그래서 열성적인 사친회 역원들의 제창도 있고 해서 단 한 번으로 끝내버리는 대학의 공개강좌에 맞서 우리끼리 독자적으로 '촉매'라는 것을 연구하는 모임을 조직해보자는 중론에 일치했다.

사친회 회원 중에는 모 화학공업회사의 기사도 있었기에 화제를 제공해주도록 교섭해 보았으나 '입장이 곤란하다'고 하여 거절당하고 말았다. 그래서 이번에는 어느 대학의 교수에게 부탁했고, 그 교수가 맡기로 한 것은 좋았으나 그도 연구회를 두번 치르고는 그만 손을 들고 말았다. '촉매'를 일반인에게 이해시키는 일이 얼마나 어려운가를 깨닫게 된 것이다. 그 후에는 비지땀을 흘리는 어려움의 연속이었다. 어느 틈엔가 이 연구회는 사친회의 행사에서 밀려나서 동호인(同好人)들만의 연구회로 바뀌기는 했지만 아무튼 몇 달 동안 연속강좌를 강행했다. 다음은 이 연구회의 기록 비슷한 것이다.

반응탑에는 왜 여러 가지 종류가 있는가?

화학공장에서 본 그 거대하고 복잡한 장치는 어떻게 설계되었을까? 반응탑 속의 촉매는 어떤 것이며, 어떤 상황에서 작용하고 있을까? 등이 맨 처음 나온 질문이다.

먼저 촉매는 그 발견과 실용화가 이론보다 훨씬 앞서 있으므로 왜 작용하느냐, 어떤 제품을 만드는 데 있어 현재 사용하고 있는 촉매가 최고의 것이냐 아니냐 등에 대한 이유는 거의 알지 못하고 있다는 것을 고백하지 않으면 안 된다. 라디오나 텔레비전이 고장 나면 텔레비전 수리공은 어디가 고장인지를 진단해서 그 부품을 교환해서 고친다. 부품 하나하나가 하는 역할이 정해져 있어서 각각의 부품을 목적에 따라 연결해서 이른바 회로를 구성한 결과가 텔레비전이나 라디오이기 때문이다. 따라서 회로도를 읽을 수 있고 회로를 구성하고 있는 부품의 역할

사진 2 | 촉매 탐색 실험장치

을 알고 있으면 쉽게 고칠 수 있다. 그런데 촉매의 경우는 사정이 전혀 다르다.

극단적으로 이야기하면 촉매를 사용하는 화학합성의 경우에는 회로도가 없으며, 반응장치의 개발은 임기응변적인 조치의 누적이다. 해보지 않으면 알 수가 없다. 아까 말한 암모니아합성을 예로 들어보자.

하버가 질소와 수소로부터 암모니아를 만드는 연구를 시작하려고 결심하게 된 단 하나의 이유는 화학평형의 이론에 따르면 용적(容積)의 비율이 질소가스 1, 수소가스 3의 혼합물은 만일 반응이 일어난다고 하면 그 일부분이 암모니아로 바뀌는 편이 보다 안정하다고 했다. 그래서 그는 그 당시까지 수소화반응에 촉매작용을 가진 것으로 알려져 있던 백금을 비롯해서 여러 가지 금속이나 고체에 대해 닥치는 대로 암모니아를 만드는지를 조사했다. 그는 무려 1년 동안에 2,500종이나 되는 물질을 조사했다고 한다. 이를 통해 5000℃ 정도로 가열하면 대부분의 금속이 약간의 암모니아를 만드는 작용을 지니고 있다는 것을 알았지만, 생성속도가 짧거나 높은 온도가 아니면 안 되기 때문에 결국 철이 가장 좋다는 것을 발견했다. 그다음에 한 일은 철에 어떤 것을 혼합해서 훨씬 더 효율을 높이는 일이었는데, 마침내 철-알루미늄-칼륨의 3원소계 촉매를 만들어냈다. 이것이 현재도 사용되고 있는 암모니아 합성촉매의 기본형이다. 그 후 40년 동안에 이 기본형의 개량에 대해 많은 특허가 나왔다. 혼합물을 조금씩 연구해서 얻은 특허로도 알 수 있듯이 모두 기업의 비밀사항이다.

 이와 같은 촉매 탐색은 먼저 〈사진 2〉와 같은 실험실 규모로 실시한다. 실험실에서 좋은 촉매가 발견되더라도 그것을 사용해서 공업화하는 데는 장치의 확대와 촉매의 수명이라는 문제가 따른다. 실험실에서는 고작 몇 그램의 촉매를 가느다란 반응관에 넣어서 활성실험을 하기 때문에 촉매의 온도나 반응관을 통과하는 가스양을 조절하기가 쉽지만 몇십 톤이나 되는 촉매를 채워 넣은 대형 장치가 되면 실험실처럼 되지는 않는다. 화학반응에는 반드시 에너지 반응열의 출입이 수반된다. 촉매의 열전도성이 나쁘면 발열반응의 경우에는 촉매층의 중심부가 과열되어 소결(燒結, 타서 엉기는 것)을 일으키고, 촉매로서의 효과가 없어지거

사진 3 | 파일럿 플랜트

나 반응탑이 막혀버린다. 흡열(吸熱)반응의 경우 반응탑의 바깥쪽으로부터 가열하더라도 촉매층의 중심부가 차가워서 목표한 대로의 반응이 일어나지 않게 된다. 촉매는 일정한 온도에서 작용시키지 않으면 쓸데없는 부산물이 증가하거나 장치를 가동하는 데 여분의 에너지를 낭비하게 된다. 그래서 촉매를 채워 넣는 고정상법(固定床法)에는 하나의 반응탑이 아닌 몇 개의 가느다란 관에 채워 배열하고 그 바깥쪽에 온도를 조절한 기체나 액체를 흘려 보내는 방법을 취한다. 그렇지 않으면 방법을 전혀 달리하여 미세한 입자 모양의 촉매를 널따란 반응탑에 넣어서

탑의 바닥으로부터 미리 온도조절을 한 반응가스를 뿜어올리는 '유동상(流動床)'이라는 방법을 고안하거나 한다. 이 때문에 공장에서 본 것과 같은 반응탑의 형태와 크기는 사용하는 촉매의 성질과 일으키고자 하는 반응의 종류마다 각각 달라지게 된다.

또 한 가지 귀찮은 문제는 촉매의 수명인데, 대개 활성이 높은 촉매일수록 반응가스에 불순물로서 섞여 있는 특정 화학물질(촉매독)에 약하다는 것이다. 실험실 규모로 사용되는 가스양은 뻔한 것이므로 불순물의 양은 상대적으로 문제가 되지 않는다. 공장에서 대량으로 연속적인 반응을 일으키게 되면 미량의 불순물도 누적되어 촉매가 못쓰게 된다. 채산상 적어도 수년은 순조롭게 가동해 주어야만 한다. 그러므로 공장의 단계에서는 반응가스가 반응탑에 들어가기 전에 미리 불순물을 제거하기 위한 큰 정제탑(精製塔)이 붙어 있게 된다. 이 정제탑에는 석유의 분류(分溜)처럼 가열형인 것과 암모니아용 수소로부터 일산화탄소를 제거하는 경우와 같은 촉매 반응탑형, 가스를 냉각해서 액화한 다음 분류하는 냉각형 등 여러 가지 형이 있다. 반응탑 뒤에 생성물로부터 목적하는 물질만을 추출하기 위한 분리탑(分離塔)이 붙어 있는 것은 물론이다.

공장에서는 하나의 반응을 완결시키는 데 이것저것 야릇하고 복잡한 장치가 늘어나게 된다. 이렇게 해서 규모의 확대와 촉매의 수명 문제를 해결하기 위한 연구가 시작되었는데, 바로 〈사진 3〉에서와 같은 파일럿 플랜트 단계의 실험이다. 여기서는 중간 규모의 장치를 사용해서 되도록 공장에서의 조건과 가까운 상황으로 1년~수년간의 반응을 속행해서 촉매의 수명을 조사하거나 대형 장치를 설계하는 데 필요한 자료를 얻는다.

요컨대, 화학공장의 장치설계는 촉매나 반응의 종류에 따라서 제각기 해보지 않으면 알 수 없는 문제들의 집합인 것이다. 따라서 반응탑에는 텔레비전이나 자동차처럼 규격화된 스타일이 있을 수가 없다. 이처럼 어려운 화학장치를 만들어내는 재능에 있어서는 일본이 세계의 정상급이라고 할 수 있다.

촉매의 분류

다음으로 제2의 질문 '촉매란 무엇이며, 왜 작용하는가'에 대해서 알아보자. 여기서는 먼저 물질은 어떤 형태의 촉매로서 작용하고 있는지를 구분해보자. 〈그림 5-1〉은 지금까지 촉매로 사용되고 있는 물질이 작용하고 있을 때의 형태에 따라서 구분한 것이다. 굵은 선으로 둘러싼 것은 상당히 오래전부터 알려진 것, 가느다란 선으로 표시한 것은 20세기에 들어와서 개발하거나 주목을 끌고 있는 부류이다. 연결을 표시한 선은 이 촉매가 기능이나 형태면에서 유사한 것들이다.

A. 균일촉매

반응하는 물질과 촉매가 이를테면 수용액처럼 동일한 상(相)으로 융

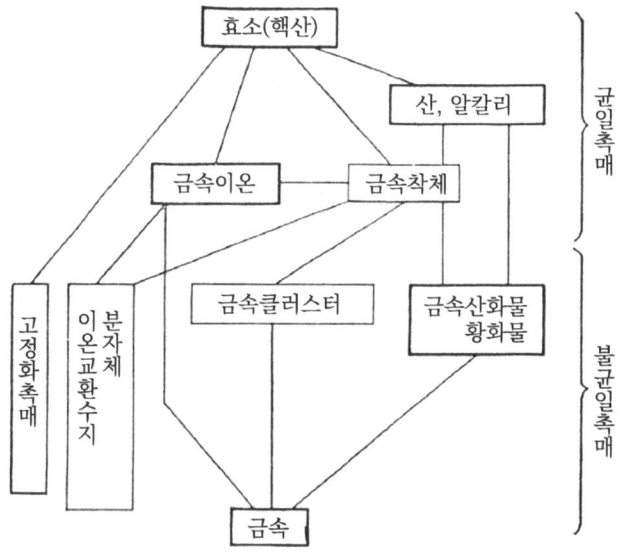

그림 5-1 | 각종 촉매의 관계

합해 있을 때 이것을 균일촉매(均一觸媒)라고 한다. 상에는 기체상, 액체상, 고체상의 세 종류가 있다. 일반적으로 균일촉매의 대부분은 반응가스와 함께 전부 기체이거나 효소와 산, 알칼리류가 수용액 속에서 작용하는 것처럼 액체에 균일하게 녹아 있는 상태이다.

균일촉매의 비근한 예로서 동물의 타액이나 누룩곰팡이에 함유된 아밀라아제라는 효소 또는 염산이나 황산이 촉매가 되는 녹말이나 섬유소의 가수분해를 좀 더 자세히 살펴보기로 하자.

녹말이나 섬유소(셀룰로스)는 일괄해서 다당류(多糖類)라고 불리는 화합물이다. 즉, 〈그림 5-2〉의 포도당분자의 점선으로 에워싼 부분을 (Gluc)로 적고, 포도당분자를 HO-(Gluc)-OH로 표기하면

$$HO-(Gluc)-OH + HO-(Gluc)-OH \xrightarrow{H_2O}$$
$$HO-(Gluc)-O-(Gluc)-OH \quad\quad (5\text{-}1)$$

처럼 점선으로 묶은 OH와 H가 물이 되어 빠져나가므로 두 개의 (Gluc)는 산소원자를 다리로 해서 연결된다. 이렇게 다수의 (Gluc)이 같은 방향으로 연결된 것이 아밀로스이고 하나 걸러 반전(反轉)해서 연결된 것이 셀룰로스이다. 녹말은 끓는 물에 녹아서 투명한 풀(葛粉湯)이 된다. 셀룰로스는 알칼리 수용액에서 끓이면 투명한 수용액이 된다. 갈분탕에 아밀라아제(별명 디아스타제) 또는 산을 넣으면 풀은 바삭바삭한 용액이 되고, 이윽고 달콤한 물이 된다. 아밀라아제나 산의 촉매작용에 의해서 (5-1)의 반응이 반대 방향으로 진행됨으로써 녹말의 사슬이 연결된 산소 원자인 곳에서 끊어져 포도당이 된 것이다.

아밀라아제는 본디 타액(침)에 포함된 것처럼 맛도 없고 독도 없기 때문에 아밀라아제를 사용하여 생성한 물엿(水飴)을 그대로 식용으로 제공할 수 있지만 산을 썼을 경우에는 그것을 제거하지 않으면 식용으로 쓸 수가 없다. 염산은 가성소다로 중화하면 독이 없게 할 수 있지만 결과적으로는 식염수를 섞은 것과 같아져서 모처럼의 물엿에 짠맛이 난다. 황산이라면 수산화바륨으로 중화하면 대부분은 황산바륨이 되어

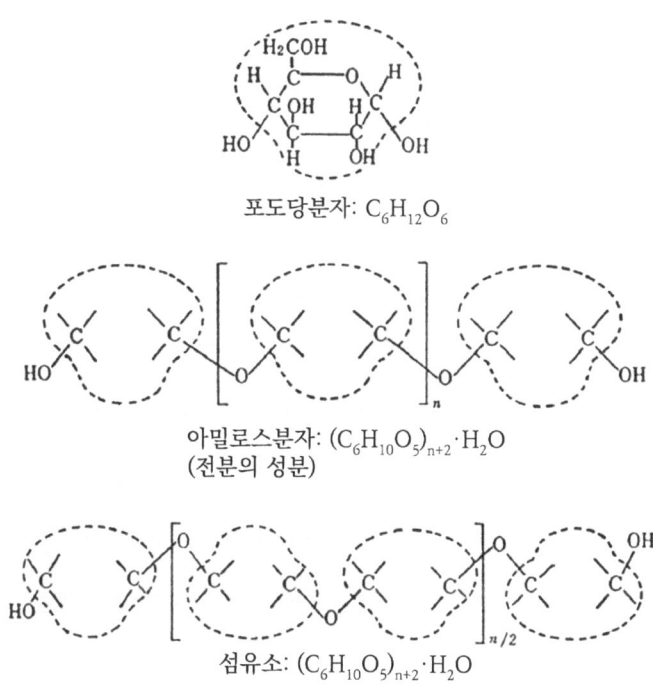

그림 5-2 | 포도당과 다당류의 분자

침전하므로 여과하면 제거할 수 있지만 미량으로 녹아드는 황산바륨 때문에 떫은 맛이 난다. 이와 같이 균일촉매를 사용하는 경우에는 일반적으로 생성물과 촉매의 분리가 어려운 문제로 남게 된다.

산과 알칼리는 물에 녹아 해리(解離)되어 각각 프로톤(H^+)과 수산이온(OH^-)을 만든다. 이것은 산이나 알칼리가 촉매로서 작용할 때의 주역으로서 위에서 말한 바와 같이 아밀로스나 셀룰로스의 결합을 공격해서 절단해 버린다.

    그런데 산이나 알칼리와 마찬가지로 염화철이나 황산동과 같은 금속염을 물에 녹이면 전리(電離)해서 각각의 금속이온이 발생한다.

$$FeCl_3 \rightarrow Fe^{3+} + 3Cl^-$$
$$CuSO_4 \rightarrow Cu_2 + SO_4^{2-}$$

    이들 이온이 수용액 속에서 화학반응을 촉진할 때는 균일촉매이다. 〈표 5-1〉에 여러 가지 금속이온과 그것들의 촉매활성의 차이를 나타냈다. 표의 첫째 줄의 알칼리금속이온처럼 같은 촉매작용을 가진 것이 있는가 하면 망간(Mn)처럼 이온의 전하(電荷)가 다르면 촉매작용이 다른 것도 있다.

    산의 프로톤이나 금속이온에 공통적인 것은 그것들이 전하를 가지고 있기 때문에 자기 주변에 용매분자를 끌어당겨 결코 알몸뚱이가 아니라는 것이다(〈그림 4-3〉의 (a) 참조). 따라서 용매가 물이냐 아니면 그 이외의 초산이나 알코올이냐에 따라서 촉매작용이 달라진다. 이른바 '용매효과(溶媒效果)'이다.

    균일촉매의 또 하나의 분류로서 최근 10년 동안 그 촉매작용을 주목하고 실용면에서도 크게 활약하고 있는 것으로 '금속착체'가 있다. 위에서 말한 용매에 녹아서 용매화한 금속이온은 일정한 조성을 가진 화합물이라고는 할 수 없지만 유기화합물로 금속이온을 일정한 비율

금속이온	수용액 중의 촉매반응					
	a)	b)	c)	d)	e)	f)
Li^+, Na^+, K^+, Cs^+					○	
Cu^{2+}	○	○	○	○		○
Ag^+	○		○			
$Mg^{2+}, Ca^{2+}, Ba^{2+}$						○
Zn^{2+}				○		○
Cd^{2+}						○
Hg_2^{2+}, Hg^{2+}	○					
La^{3+}						○
Al^{3+}				○		○
Th^{4+}		○				
Pb^{2+}						○
Mn^{2+}		○				○
Mn^{3+}			○			
Fe^{2+}, Fe^{3+}		○		○		○
Co^{2+}		○				○
Ni^{2+}		○				

a) H_2분자의 활성화   b) 과산화수소의 분해
c) 수(蓚)산의 산화   d) β-케토산의 탈탄산
e) MnO_4^-와 MnO_4^{2-}의 교환   f) 아미노산 에스테르 가수분해

표 5-1 | 금속이온으로 촉매되는 반응의 종류

로 결합한 안정된 화합물이 19세기 후반에 많이 발견되었고 또 합성되었다. 이를 통틀어 '금속착체(金屬錯休)'라고 부른다. 당초에는 그 구조나 금속이온과 유기화합물 간의 화학결합의 양식(배위 결합)이 학자들의 흥

미를 끌었을 뿐이지만 헥스트-워커반응(제2장 참조)의 팔라듐이나 폴리에틸렌 합성에서의 염화알루미늄이 용액 속에서는 에틸렌을 배위한 금속착체가 되어 촉매작용을 발휘하고 있다는 것이 해명됨으로써 촉매로서도 커다란 흥미를 끌게 되었다.

금속착체가 촉매로서 중요시되는 또 하나의 이유는 효소의 촉매작용을 해명해주는 열쇠일 것이라고 보기 때문이다. 대표적인 효소 중 하나인 혈색소나 엽록소의 촉매활성의 중심은 제4장에서 소개하듯이 포르피린 고리(環)의 중심에 금속이온이 자리 잡는 금속착체의 일종이라는 것을 알고 있다(〈그림 4-3〉의 (c) 참조).

따라서 물에 녹은 금속이온, 금속착체, 효소의 세 가지 촉매작용 간에는 어떠한 공통성을 기대할 수 있다. 만일 금속착체를 적당히 변형시켜 효소와 비슷하게 할 수 있다면 자연만 만들 수 있는 교묘한 촉매 '효소'가 합성되는 셈이다. 유감스럽지만 이러한 것은 아직 성공하지 못하고 있다.

B. 불균일촉매

균일촉매와는 달리 촉매가 반응물질과 다른 상(相)을 만들고 있을 때 그것을 '불균일(不均一)촉매'라고 한다. 이것의 대부분은 촉매가 고체이고, 반응물질이 기체 또는 액체인 경우이다.

화학제품의 생산공정에 있어서 균일촉매인 경우에는 불균일 촉매와는 달리 촉매를 반응상으로부터 분리하는 번잡스러운 조작이 필요

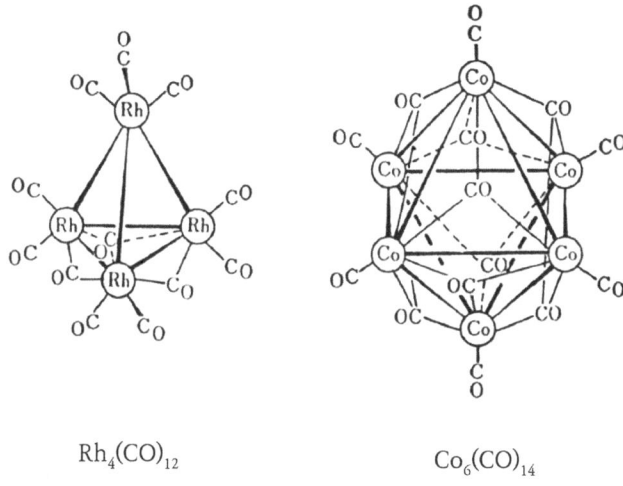

그림 5-3 | 다핵착체: 카보닐 화합물

하며, 또 촉매를 채워 넣은 곳에 반응기질(反應基質)을 연속적으로 흘려보내는 '유통법(流通法)'이라 불리는 대량생산 방법은 사용할 수가 없다. 따라서 실용적인 균일촉매로서는 높은 활성의 것으로 미량으로도 가능하며 더구나 쓰고 버려도 되는 무독촉매가 바람직하다.

이것은 매우 어려운 문제로서 이 난점을 피할 수 있는 한 가지 방법이 〈그림 5-1〉에 열거한 균일촉매를 고체화하는 고정화 촉매(固定化 觸媒)의 개발이다(효소를 고정화하는 시도에 대해서는 제4장을 참조 바란다). 마찬가지로 이온교환 수지나 분자체(molecular sieve, 합성점토의 일종으로 '분자체'라는 뜻)에 금속이온을 함유시키는 방법은 금속이온의 고정화촉매라고 할 수 있다. 또 이 경우는 금속이온 주위에 수지나 점토의 성분이 규칙적으로 배열해 있는 것을 생각하면 금속착체의 친척뻘이라 할 수 있다. 이들 배위분자에 의한 금속이온의 촉매작용의 강화나 변화의 원인을 해명하는 데 학문적인 흥미를 기대하고 있다.

금속과 금속착체 화합물의 중간 위치에 있는 것으로서 최근 주목하고 있는 것이 금속 클러스터이다. 금속에서는 같은 금속원자를 무수히 질서정연하게 배열해서 이루는 금속 표면이 촉매작용을 거친다고 생각하는 데 대해 금속착체 촉매의 활성 중심은 대부분의 경우 단 한 개의 금속원자 또는 이온이다.

한편 금속 클러스터는 금속이 증발할 때 몇 개의 금속원자가 모여서 만드는 미립자(微粒子)나 〈그림 5-3〉에 제시된 금속과 일산화탄소의 화합물*27)(카보닐)처럼 서로 결합한 몇 개의 금속원자나 이온을 함유하는 다핵착체(多核錯休)의 총칭이다. 이 금속 클러스터의 어떤 것이 그것과 같은 금속원자로써 만들어진 금속, 금속이온 또는 단핵착체(單核錯休)의 어느 것과도 달리 독특한 촉매작용을 나타내는 예가 최근에 몇 개 발견되었다. 몇 개의 금속원자가 협동함으로써 특별한 촉매효과가 나타나는 것이다.

금속의 촉매작용에 대해서 금속 표면에 노출되어 있는 금속원자 하나하나의 성질이 효과가 있는 것인지, 금속이라는 고체의 덩어리로서의 성질이 효과가 있는 것인지에 대한 논의가 지금까지 해결되지 못한 데다 또 하나 새로운 정보가 나타난 셈이다.

검은 상자 속의 알맹이를 밝혀낸다

앞으로도 촉매 탐색은 하버의 암모니아 합성촉매나 매독(梅毒)의 특효약의 경우처럼 닥치는 대로 찾아다녀야 한단 말인가?

이 질문에는 대학교수들도 머리를 싸매고 말았다. 교수들이 대학 연구실에서 골똘히 하고 있는 연구가 도대체 무슨 소용이 있느냐는 질문만큼이나 신랄한 질문이었기 때문이다. 교수들의 변명인즉 이러하다.

실용화가 학문적인 이해를 훨씬 넘어서서 발전하고 있는 화학공장 현장에서는 아직도 맹목적인 탐색에 가까운 면이 남아있을지도 모른다. 그러나 연금술 시대에 오랫동안 물질을 만지작거렸던 경험이 화학이라는 학문을 만들어냈을 때의 실험실적인 기초가 되었던 것처럼 현장 개발은 그 나름대로 오랜 경험에 바탕한 지도방침을 가지고 해왔다. 그러나 한 걸음 더 나아가서 어떤 물질이 촉매로서 특정 화학반응을 일으키는 것은 그것의 어떤 성질에 기인하느냐 하는 촉매의 진단(診斷)문제와 원하는 화학반응을 일으키려면 어떤 성질을 가진 물질이 촉매로서 가장 적합하느냐 하는 촉매의 설계 문제를 해결하기 위해서는 아무래도 여러 가지 잡다한 촉매반응이 어째서 일어나느냐는 기구(반응기구)를 알지 않으면 안 된다. '촉매는 반응의 물질수지(物質收支)에 나타나지 않는 제3의 물질이다'라고 말해도 제1장에서 설명한 것처럼 반응의 기구를 잘 알지 못하면 제3 물질 중 어느 것이 진정한 촉매인지조차 알 수가 없다. 우리는 이 문제를 해결하기 위해서 여러 가지 방법을 사용하여 열심히 연구하고 있는데, 20년 전과 비교하면 상당히 많은 것을 알게 되었다.

그런데 촉매 표면에서 일어나고 있는 것을 직접 확인할 수 있는 수단을 갖지 못했던 최근까지 논의된 상태는 마치 물건을 넣는 입구와 뱉어내는 출구를 가진 검은 상자를 두들기거나 흔들어대며 속의 알맹이를 추측하는 것과 비슷했다. 거기에 고체도 촉매작용을 가졌다는 것이 알려짐에 따라서 점점 더 이해하기 어려운 사실들이 많이 발견되었고 20세기 전반의 화학 반응속도를 다루는 학문 분야도 몹시 혼란상태에 빠져 있었다. 1955년 미국 화학회의 깁스(Gibbs)상을 수상한 다니엘스 (F. Daniels) 박사는 수상 강연에서 이런 시를 소개했다.

Chemical Kinetics is in a mess.
In spite of Eyring and Arrhenius.
Alas! It's so.
The more we learn, the less we know.

화학반응 속도론은 엉망진창.
아이링과 아레니우스가 있어도 불가능이야.
슬프도다! 바로 그대로.
공부를 할수록 모르겠구나.

(아이링과 아레니우스는 당시 화학반응 속도론의 권위자이다)

촉매는 어떻게 화학반응을 촉진하는가?

지금으로부터 불과 20년 전까지 계속된 '화학반응 속도론은 엉망진창'이라는 논란의 내용은 이렇다. 화학반응이라는 검은 상자 속의 작용 메커니즘을 밝혀내는 방법으로는 상자 속에 넣을 반응물질(이후 '기질'이라 부른다)의 농도를 바꾸거나 검은 상자의 온도를 바꾸었을 때 상자의 출구로부터 어떤 응답을 얻느냐는 것이 우선 착상되는 조사방법이다. 이것을 화학반응의 '동력학(動力學, kinetics)'이라고 한다. 20세기 중엽까지는 이것을 측정하는 것이 반응기구를 조사하는 유일한 방법이었고 그것을 어떻게 설명하느냐는 것이 중요하다고 생각하고 있었다. 지금은 각종 분석장치로써 반응 도중의 상태를 조사하는 여러 가지 방법이 고안되고 그것에 의해 얻은 지식의 총결산이 이 동력학과 합치하지 않으면 안 되는 식으로 동력학의 입장이 반대로 되었다.

수소(H_2)와 요오드(I_2)의 반응을 살펴보자. 이 증기의 혼합물을 가열하면 촉매 없이도 반응을 일으켜서 요오드화 수소 HI가 생성되는 경우를 생각해 보자. 이것은 제1장에서 한눈에 반한 반응에 해당하는 것으로서 소개한 그것이다.

$$H_2 + I_2 \rightarrow 2HI \qquad (5\text{-}1)$$

이때 HI가 생성되는 속도 ν는 H_2와 I_2의 농도의 적(積) $[H_2] \times [I_2]$에

비례한다.

$$v = k[H_2][I_2] \qquad (5\text{-}2)$$

즉, 농도[H_2] 또는 [I_2]를 갑절로 하면 HI가 갑절의 속도로 생성된다(여기서 k는 비례상수로서 '반응속도상수(反應速度常敎)'[*28]라 한다). 이 경우는 반응기질의 농도를 늘린다. 따라서 반응기질의 입자끼리 만나는 기회가 늘어남에 따라 반응속도가 커지리라는 기대를 만족시켜준다. 그런데 다 같이 할로겐족인 화학적으로는 I_2와 같은 취소(臭素)분자(Br_2)의 경우에는 어떨까?

일어나는 화학반응의 물질수지는 (5-1)과 마찬가지로

$$H_2 + Br_2 \rightarrow 2HBr \qquad (5\text{-}3)$$

로서 취화(臭化)수소(HBr)가 생성된다. 그런데 반응속도식은 (5-2)와는 전혀 달라서

$$v = \frac{ka\,[H_2][Br_2]^{\frac{1}{2}}}{ka + \dfrac{[HBr]}{[Br_2]}} \qquad (5\text{-}4)$$

와 같이 몹시 복잡괴기하다. 이 차이에 대한 원인을 밝히는 데만 수십

년이 걸렸다. 결론은 이렇다. 반응 (5-1)은 H_2와 I_2가 충돌했을 때

$$\begin{matrix} H & I \\ | & + & | \\ H & I \end{matrix} \longrightarrow \begin{pmatrix} H \cdots\cdots I \\ \vdots & \vdots \\ H \cdots\cdots I \end{pmatrix} \longrightarrow \begin{matrix} H-I \\ + \\ H-I \end{matrix} \qquad (5\text{-}5)$$

와 같이 점선으로 표시한 어중간한 느슨한 결합으로서 두 개의 H와 두 개의 I가 결합한 중간 상태를 거쳐 화학결합의 재편성이 일어난다. 즉, (5-1)이 화학결합의 재편성을 일으키는 과정('소반응'이라고 한다)인데 비해서 반응(5-3)은 (5-3) 자체가 단번에 일어나는 것이 아니고

$$\left.\begin{matrix} a) & Br_2 \rightleftharpoons 2Br \\ b) & Br + H_2 \rightleftharpoons HBr + H \; b') \\ c) & H + Br_2 \longrightarrow HBr + Br \end{matrix}\right\} \qquad (5\text{-}6)$$

처럼 진행된다. 즉 a) 취소분자의 해리(解離), b) 생성된 Br분자가 수소분자를 공격해서 HBr을 만든다. c) 그때 생성된 H원자가 Br_2분자를 공격해서 HBr과 Br원자가 되어 b') H원자의 일부는 b)의 역반응을 일으켜 Br과 H_2로 되돌아간다. 이 네 가지 소반응(素反應)의 총결산으로서 (5-3)식의 물질수지가 주어진다는 것이다(그러나 이것으로 논의가 완결된 것은 아니다. 1967년에 설리번 박사는 I_2와 H_2의 반응은 (5-5)이 아니라 (5-6)의 b)와 마찬가지로 I와 H_2의 반응이 기본적인 소반응이라고 하는 정정 논문을 제출했다).

(5-6)의 b)에서 생성된 H는 소반응 c)를 일으켜 거기서 생성된 Br이 소반응 b)를 일으키듯이 b)와 c)가 반복해서 일어남으로써 H_2와 Br_2가 H와 Br의 두 개로 변화한다(이것을 '연쇄반응'이라고 한다. 또 물질수지식 (5-3)에는 나타나지 않는 반응중간체 H와 Br을 '연쇄캐리어'라고 부르며, '촉매'라고는 말하지 않는다. H와 Br도 반응기질로부터 생성되는 것으로 제3의 물질이 아니기 때문이다). 소반응 a)는 연쇄캐리어인 Br을 만드는 과정에서 충분히 빠르게 왕래할 수 있으며, Br_2와 평형, 즉 균형되어 있으므로 Br_2가 감소하는 속도, 즉 반응속도에는 관계가 없다.

이상에서 설명한 반응이 일어나기 위해서는 높은 온도로 가열하기만 하면 충분하다. 만일 (5-6a)로 Br원자를 만들거나 H_2로부터 H원자를 만드는 따위의 제3의 물질이 있으면 이들 반응은 훨씬 더 저온에서도 쉽게 일어날 수 있다. 이 제3의 물질이 촉매이다.

제1장에서 말한 수소와 산소의 혼합가스가 불꽃에 의해 폭발해서 물이 되는 반응(1-1)도 다음과 같이 다수의 소반응으로부터 이루어지는 연쇄반응이다.

$$\left.\begin{array}{l} H_2 + O_2 \longrightarrow H + HO_2 \\ H + O_2 \longrightarrow OH + O \\ OH + H_2 \longrightarrow H_2O + H \\ O + H_2 \longrightarrow OH + H \\ H + O_2 \longrightarrow HO_2 \\ HO_2 + H_2 \longrightarrow H_2O_2 + H \end{array}\right\} \quad (5\text{-}7)$$

(5-6)의 경우에는 하나의 소반응이 일어날 때마다 하나의 연쇄캐리어가 사라지고 대신 다른 연쇄캐리어가 하나 생성된다. 따라서 전체적으로는 연쇄캐리어의 양이 바뀌지 않지만 (5-7)에서는 하나의 캐리어로부터 두 개의 캐리어가 생성되는 소반응을 포함하고 있다. 따라서 연쇄캐리어의 양은 점점 증가해서 반응은 폭발적으로 나타난다.

그러면 촉매에 의해서 일어나는 반응의 동력학은 어떨까? 먼저 간단하다고 생각되는 균일촉매 반응에 대해서 생각해보자. 촉매는 기질과 균일하게 혼합되어 있으므로 촉매의 농도가 증가하면 반응속도도 증가한다. 그러나 반드시 촉매의 농도와 비례해서 반응이 빨라지는 것은 아니다. 그것은 취소와 수소반응(5-3)이 (5-6)의 반응처럼 몇 가지 소반응의 총결산이라는 것과 같은 이유이기 때문이다.

균일촉매 반응의 속도는 촉매가 반응기질의 농도가 증가하면 그것에 비례하느냐 하지 않느냐는 것은 별도로 하고 반드시 증대한다. 그런데 촉매가 고체일 경우에는 균일반응의 유추(類推)로서는 도저히 이해할 수 없는 야릇한 현상이 발견되었다. 즉, 촉매가 고체일 때에는 반응기질의 농도를 크게 하면 반응속도가 도리어 작아지는 예가 발견되었다. 다니엘스 박사가 탄식했듯이 화학반응 속도가 자꾸 미로(迷路)에 빠져들었던 것이다.

백금촉매에 의한 일산화탄소의 산화반응 속도는

$$2CO + O_2 \xrightarrow{(Pt)} 2CO_2 \qquad (5\text{-}8)$$

CO의 농도를 높이면 반비례해서 작아진다. 마찬가지로 백금촉매에 의한 아황산가스의 산화반응

$$2SO_2 + O_2 \xrightarrow{(Pt)} 2SO_3 \qquad (5-9)$$

의 속도는 SO_2의 농도의 ½승에 반비례해서 작아진다. 어느 반응도 다 대기 온도에서 자꾸 진행되지만 백금이 없으면 일어나지 않는다.

이들 반응의 동력학은 당시 다음과 같이 설명되었다. 반응 중 백금 표면은 흡착 CO의 막으로 덮이고 이 막의 두께가 기체상(氣休相)의 CO의 농도에 비례해서 두꺼워지므로 그만큼 백금 표면으로의 O_2의 공급이 늦어진다는 것이다. 마찬가지로 SO_2의 경우에는 흡착 SO_2 막의 두께가 기체상 SO_2 농도의 ½승에 비례해서 두꺼워진다는 설명이었는데, 왜 막의 두께가 CO에서는 농도에 비례하고, SO_2에서는 0.5승에 비례하느냐를 설명할 수 없기 때문에 이와 같은 논의는 설명이 아니고 사실의 설명에 불과한 것이다.

이와 같이 기묘한 동력학을 나타내는 고체촉매의 기구를 올바르게 이해한 최초의 화학자가 미국의 제너럴 일렉트릭(GE)의 랭뮤어(Irving Langmuir, 1881~1957) 박사였다(고체나 액체의 표면에서 일어나는 여러 가지 화학적 현상에 대한 수많은 연구 업적으로 1932년 노벨 화학상을 받았다). 반응 (5-8)에 관한 그의 설명은 이렇다.

백금 표면에 화학흡착하는 CO나 O_2의 양을 측정해보면 기껏해야

한 꺼풀로 된 배열이므로 흡착막의 두께가 바뀐다는 생각은 근본적으로 잘못이다. 백금 표면에서 CO와 O_2가 반응하는 방법에는 크게 나누어 다음의 두 가지가 있다고 생각했다.

(1) CO 또는 O_2의 어느 한쪽이 백금 표면에 화학흡착을 해서 반응하기 쉬운 상태가 되어 화학흡착을 하지 않는 다른 상대가 그것과 충돌했을 때 반응을 일으킨다.

$$\left. \begin{array}{l} \tfrac{1}{2}O_2 \xrightarrow{Pt} O(a) \\ O(a) + CO \xrightarrow{Pt} CO_2 \end{array} \right\} \quad (5\text{-}12)$$

여기서 (a)는 화학흡착된 것을 가리킨다.

(2) CO, O_2가 다 백금 표면에 화학흡착을 하고 나서 반응한다.

$$\left. \begin{array}{l} \tfrac{1}{2}O_2 \xrightarrow{Pt} O(a) \\ CO \xrightarrow{Pt} CO(a) \\ O(a) + CO(a) \xrightarrow{Pt} CO_2 \end{array} \right\} \quad (5\text{-}13)$$

이것이 랭뮤어의 설명이다.

(1)은 솔개(CO)가 급강하해서 수면에 떠 있는 먹이(O(a))를 물고 하늘로 날아오르는 것과 비슷하고 (2)는 오리(CO(a))가 수면을 헤엄쳐 다니면서 먹이(O(a))를 먹는 것과 비슷하다.

랭뮤어는 단위 시간당 백금 표면에 충돌하는 기체상의 CO분자수가 (5-8)의 반응속도와 같은 데서 이 촉매반응은 주로 (1)의 양상으로 일어나고 있다고 결론지었다. 그 후 많은 연구자들이 수많은 고체촉매에 의한 반응을 연구한 결과가 분류되어 있는데 (1)형의 반응을 '엘레이-리디얼(Eley-Rideal) 기구', (2)형을 '랭뮤어-힌셀우드(Langmuir-Hinshelwood) 기구'라고 명명하게 되었다.

어느 것이나 다 대표적인 연구자의 이름을 딴 것이지만 (1)형을 주장한 랭뮤어의 이름이 (2)형의 이름에 붙여진 것은 역사의 장난이라고 할 수 있다.

이 두 기구의 진실성에 대해서는 지금까지도 논쟁이 계속되고 있지만 차츰 촉매 표면 위의 흡착물질의 상태나 양을 직접 측정하는 방법이 발달함에 따라서 구체적인 해답을 얻게 되었다. 이를테면 최근 급속히 발달한 전자분광법(電子分光法)을 사용하여 백금이나 팔라듐의 증착막(蒸着膜)[*29]을 촉매로 한 CO의 산화반응은 주로 L-H기구로 진행되고 있다는 것이 밝혀졌다.

반응의 동력학만으로부터 상상했던 촉매 표면의 상태가 실제 상황과는 전혀 다른 예는 그 밖에도 있다. 이를테면 공업적으로 중요한 암모니아합성 반응과 관련해서 암모니아의 분해반응이 많은 금속에 대해서 조사했다. 텅스텐을 촉매로 해서 암모니아를 분해하면 분해반응의 속도는 암모니아의 농도를 바꿔도 일정한 채 로 있다(이른바 '0차(零次)반응'이다). 이 사실로부터 많은 연구자들은 암모니아 분해반응이 한창 진행되는 중에 텅스텐 표면은 암모니아가 빈틈없이 빽빽하게 흡착되어 있는 것으로 상상하고 있었다. 도쿄대학의 다마루 박사는 이것을 직접 확인하는 실험을 했다. 놀랍게도 표면을 덮고 있던 것은 암모니아가 아니고 질소였다.

이와 같이 동력학의 결과만으로 촉매 표면의 상황을 측정하면 전혀 다른 결론에 도달하는 경우가 있다. 반응 중인 촉매의 표면 상황을 직접 관찰한다는 것이 얼마나 중요한가를 알 수 있다. 이 방면의 연구는 20세기 후반에 들어와서 겨우 손이 닿게 되었다.

제6장

촉매의 기구를 밝힌다(2)

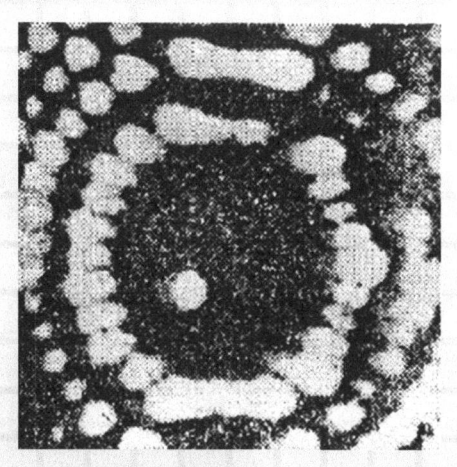

촉매작용과 흡착

고체물질이 촉매로 작용하기 위해서는 먼저 기질을 표면에 흡착시키지 않으면 안 된다는 것을 알았다. 그렇다면 예를 들어 냉장고의 탈취제로서 시판되고 있는 활성탄(活性炭)은 촉매인가.

이 활성탄은 촉매가 아니고 단순한 흡착제로서 제1장에서 설명한 물리흡착에 속한다. 물리흡착에는 악취의 원인이 되는 가스는 원래의 성질을 거의 바꾸지 않고 더구나 온도가 낮을수록 다량의 가스를 보다 빨리 흡착하기 때문에 냉장고가 5℃ 이하인 것이 탈취제로는 유리하다. 물분자도 함께 흡착하므로 효과가 약해지고 활성탄을 한꺼번에 너무 많이 사용하면 냉장고의 싱싱한 식품들이 말라버린다. 날것은 폴리에틸렌 주머니에 싸서 냉각해야 한다. 효과가 없어진 흡착제는 그냥 버려지고 있지만 물리흡착이기 때문에 알맹이를 냄비에 옮겨 콩 볶듯이 가열하면 악취가스가 빠져나가 재생이 된다.

또 한 가지 흡착방법에 '화학흡착'이라고 불리는 형태가 있다. 제1장에서 설명한 것처럼 기질은 촉매 표면과의 사이에 화학결합에 가까운 결합을 만든다. 촉매작용에 중요한 것은 이런 형태의 흡착으로서 '활성화 흡착'이라고 불린다.

만일 고체 촉매작용의 원인인 반응기질의 촉매 표면에 흡착하는 것만으로 충분하다면 촉매 표면에 흡착분자를 한 꺼풀로 배열했을 때 분자의 혼합상태는 가스를 약 1만 기압으로 압축했을 때와 같으므로 고압을 걸기만 할 뿐 반응이 일어나서 촉매는 필요가 없을 것이다. 따라서 기질 A와 B 간의 반응이 촉매에 의해서 일어나기 위해서는 A와 B가 모두 또는 적어도 어느 한쪽이 촉매에 화학흡착을 하지 않으면 안 된다. 그러나 화학흡착을 한다고 해서 반드시 반응하는 것은 아니며 특별한 화학흡착 상태에 들어간 것만 촉매반응을 일으킨다는 것이 많은 예로 알려져 있다. 중매쟁이가 있다고 해서 반드시 누구나 다 결혼이 성립되는 것은 아니다. 결혼이 성립되기까지는 궁합이 맞아야 하는데 이러한 궁합문제는 나중에 소개할 '일어나기 쉬운 반응과 까다로운 반응', '배위와 촉매작용'이나 효소의 특이적인 촉매작용이라고 할 수 있을 것이다.

먼저 가장 간단한 흡착방법과 촉매작용의 관계에 대해서 살펴보자. 〈표 6-1〉에 여러 가지 금속이나 비금속 고체에 화학흡착을 하는 기체분자를 (+), 화학흡착을 하지 않는 것을 (-)로 표시했다. 이를테면, 에틸렌이나 수소를 화학흡착을 하지 않는 아래쪽 두 줄에 포함된 부류의 고체는 확실히 이 반응을 촉매하지 않는다.

한편 이 반응에 최고의 촉매활성을 나타내는 것은 모든 가스를 잘 흡착하는 맨 윗줄의 금속이 아니라 둘째 줄, 셋째 줄의 이른바 '천이(遷移)금속'이라 불리는 부류의 금속이다. 견고하고 안정하게 흡착된 반응기질에도 반응성이 없고, 고체 표면에 적당한 강도로 화학흡착을 함으로써 반응기질 분자 내의 화학결합이 느슨해지는 것이 촉매반응을 일으키는 동기가 된다는 것을 알게 된다.

금속 등 \ 가스	O_2	C_2H_2	C_2H_4	CO	H_2	CO_2	N_2
Ca, Sr, Ba, Ti, Zr, Hf, V, Nb, Ta, Cr, Mo, W, Fe, (Re)	+	+	+	+	+	+	+
Ni, (Co)	+	+	+	+	+	+	−
Rh, Pd, Pt, (Ir)	+	+	+	+	+	−	−
Al, Mn, Cu, Au	+	+	+	+	−	−	−
K	+	+	−	−	−	−	−
Mg, Ag, Cd, Zn, In, Bi, Si, Ge, Sn, Pb, As, Sb	+	−	−	−	−	−	−
Se, Te	−	−	−	−	−	−	−

표 6-1 | 금속에 대한 화학흡착(화학흡착 하는 가스는 +, 하지 않는 가스는 −로 표시)

에틸렌의 수소화와 같이 수소를 반응시키는 촉매는 수소를 화학흡착해서 두 개의 흡착 수소원자로 해리하는 능력을 갖지 않으면 안 된다. 이것은 다음과 같은 사실로부터 확실히 알 수 있다. 〈표 6-1〉 넷째 줄에 있는 금(Au)에는 에틸렌이 흡착하지만 수소는 화학흡착을 하지 않는다. 그리고 에틸렌을 수소화하는 촉매작용이 없다. 한편 셋째 줄에 있는 팔라듐(Pd)은 에틸렌의 수소화에 좋은 촉매이고, 팔라듐 표면에 수소가 화학흡착을 해서 생성되는 수소원자가 Pd 내부로 녹아 듦으로써 수소를 잘 흡수해서 투과하는 금속으로서 알려져 있다. Pd와 은(Ag)의 합금은 수소를 더욱 잘 용해시킨다. 그래서 〈그림 6-1〉의

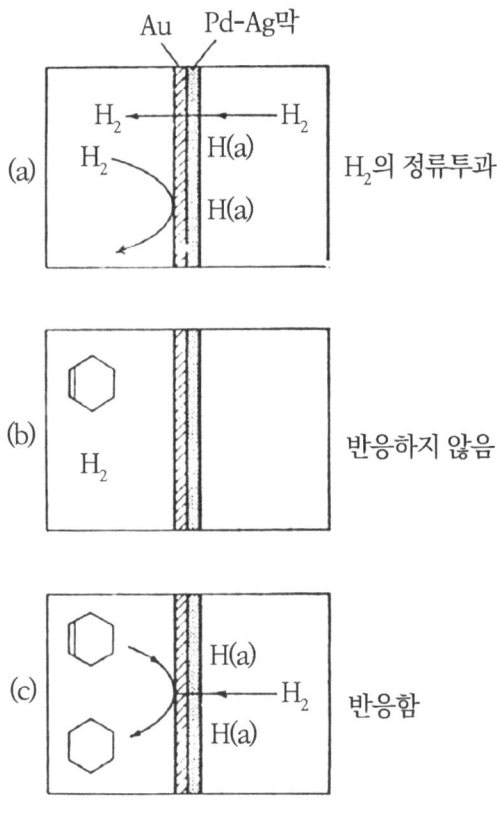

그림 6-1 | Au/Pd-Ag 막을 사용한 수소화 실험

(a)처럼 Pd-Ag 합금의 막(膜)을 만들고 그 한쪽을 금도금한 것으로 용기 내에 칸을 막는다. Au는 수소를 거의 녹이지 않지만 얄팍하면 H원자는 그것을 통과할 수가 있다. Pd-Ag가 노출되어 있는 오른쪽 방에 H_2를 넣으면 Au 막을 씌운 왼쪽에 H_2가 스며 나오는데, 반대로 왼쪽에 H_2를

넣었을 때는 오른쪽에는 H_2가 스며 나오지 않는다. Au의 표면에는 H_2를 해리·흡착해서 흡착 H원자를 만들 능력이 없기 때문이다. 이 현상은 전자를 한쪽 방향으로만 통과시키는 '다이오드(diode)'라고 불리는 전기회로 부품과 비슷하다. 이렇게 해서 〈그림 6-1〉의 (a)는 불순물을 함유하는 H_2의 정제(精製) 장치로 이용된다. 그런데 이번에는 (b)처럼 왼쪽 Au 쪽에 시클로헥산(cyclohexane, 에틸렌과 같이 수소화되기 쉽다)과 H_2를 넣어도 시클로헥산의 수소화 반응

$$\text{시클로헥산} + H_2 \dashrightarrow \text{시클로헥산} \quad (6\text{-}1)$$

은 일어나지 않지만 (c)처럼 왼쪽에 시클로헥산, 오른쪽에 H_2를 넣으면 시클로헥산이 수소화된다. (b)의 경우 Au 표면에는 흡착 시클로헥산과 반응해야 할 수소 원자가 만들어지지 않지만, (c)에서는 Pd의 표면에서 만들어지는 수소 원자가 Au막을 통과해서 왼쪽으로 들여 보내지기 때문이다.

이상에서 설명한 것은 반응기질이 수소화할 즈음에 수소원자가 금속 내부에서 확산함으로써 공급되는 경우이다. 수소원자가 고체 표면을 돌아다니는 표면 확산에 의해서 공급될 경우에도 마찬가지 현상을 볼 수 있다. 텅스텐(W)의 산화물인 3산화텅스텐(WO_3)은 노란 색깔의 고체이다. H_2가 가스 속에 WO_3을 실온으로 방치해도 아무 변화가 일어

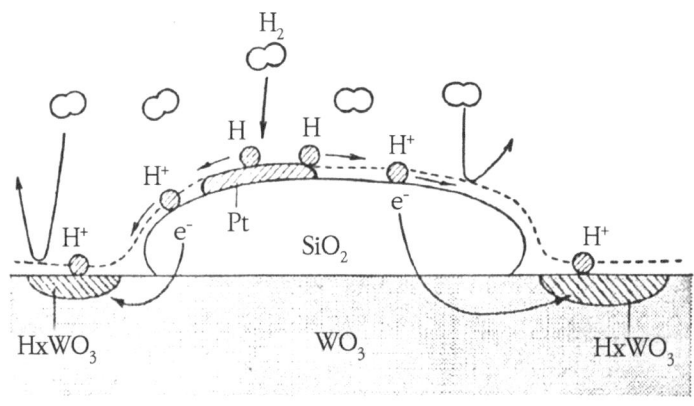

그림 6-2 | 백금(Pt) 위에서 분리한 수소가 WO_3(황색)의 위로 흘러나와서 H_xWO_3(청색)이 된다

나지 않지만, 물로 적신 WO_3에 백금을 바른 실리카겔을 혼합해서 H_2 가스 속에 방치하면 다음 식의 반응이 일어나서 산화텅스텐의 노란색이 파란색으로 변한다.

$$WO_3 + H_2 \xrightarrow{Pt} H_2WO_3 \qquad (6-2)$$

그 기구를 〈그림 6-2〉에 나타냈다. 수소분자 H_2는 WO_3과 직접 반응하지 않는다. 그러나 백금이 있으면 그 표면에서 수소분자는 흡착 수소원자로 해리되고 또 물이 있으면 프로톤과 전자로 되며 프로톤은 물의 얄팍한 막 속을 이동해서 WO_3에 도달한 다음 반응한다. 그 상태는 마치 컵에서 물이 넘치듯이 백금 표면 위에 생성된 H가 실리카겔 표면을 이동해서 WO_3 위로 흘러나가기 때문에 '스필오버(spillover, 넘침)' 현상이라고 불린다.

흡착입자 운동의 직접 관찰

그러면 흡착된 분자나 원자는 어떤 식으로 고체 표면을 운동할까?

최근 10년 동안에 발달한 전계(電界)이온 현미경을 사용해 금속 표면의 원자의 배열방식이나 원자의 운동상태를 직접 관찰할 수 있게 되었다.

그것은 〈그림 6-3〉처럼 지극히 간단한 텔레비전의 브라운관을 닮은 소형장치로서 형광판의 지름은 10㎝ 정도의 것이다. 앞쪽과 끝의 반지름이 1,000Å(1옹스트롬은 1억 분의 1㎝) 정도의 반구형을 한 금속 바늘과 형광판과의 사이에 5~15kV의 직류전압을 건다. 용기 안은 미리 높은 진공으로 해두고, 극히 소량의 헬륨(He)가스를 넣어둔다. 바늘 앞 끝에 충돌한 He분자는 그곳의 강한 전기장에서 He^+이온으로 전리되어 (-)극의 형광판을 향해 가속되어 형광판에 충돌해서 거기서 빛을 낸다. 일반적으로 미세한 결정(結晶)의 집합체인 금속덩어리를 실로 뽑아서 금속선으로 만들 때 결정의 방향이 어느 정도 가지런해지므로 금속선을 화학약품으로 부식해서 만든 예리한 바늘 끝에는 거의 틀림없이 음속의 단결정(單結晶)이 노출되어 있다. 높은 진공 속에서 가열하여 표면

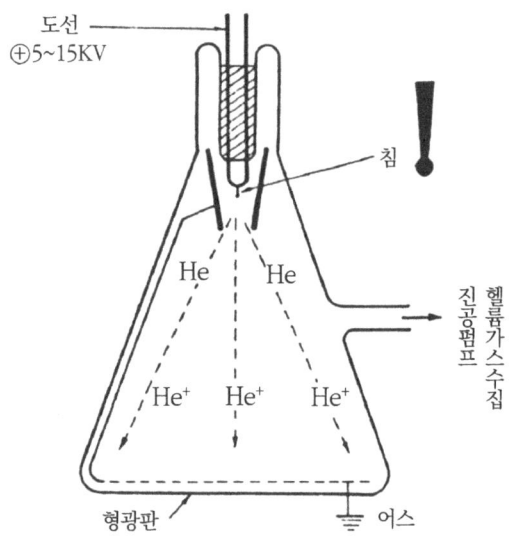

그림 6-3 | B전계이온방사 현미경(이 그림에서는 형광판이 어스되어 있지만 침이 붙은 도선을 어스하여 형광판에 ⊖5~15kV을 통과시킬 경우도 있다)

을 곱게 다듬는 조작에 의해 바늘 끝은 둥그스름해져서 반지름 1,000 Å 정도의 반구형 단결정이 된다. 그 표면에 나타나는 여러 가지 결정면의 상(像)이 지름 약 10cm의 형광판에 확대되어 찍혀 나오므로 이 장치의 현미경으로서의 배율은 약 50만 배가 된다. 사진의 확대를 생각하면 수백만 배의 확대도를 쉽게 얻기 때문에 단결정면을 만들고 있는 금속 원자의 배열방식을 관찰할 수 있게 된다.

이렇게 해서 텅스텐의 (211)[30] 결정면에 흡착된 레늄(Re)원자의 액체질소 온도(-195℃)에서의 운동을 관찰한 것이 〈그림 6-4〉이다. 중앙

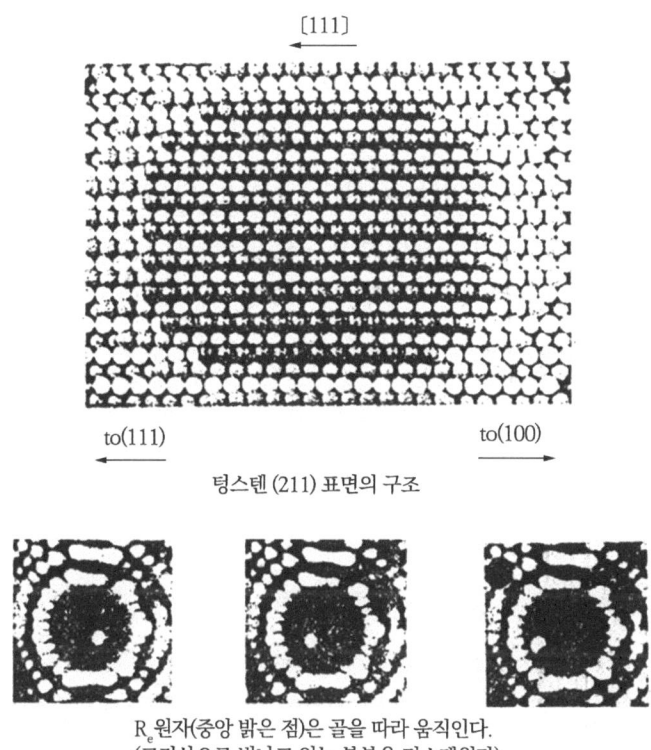

그림 6-4 | 흡착원자는 선회한다

의 검은 원이 텅스텐 바늘의 앞쪽 끝 중앙에 나와 있는 (211) 결정면의 평탄한 부분이고, 거기에 있는 광점(光點, R_e원자)은 규칙적으로 배열된 W원자의 이랑길을 따라 가로로 이동하고 있는 것을 알 수 있다. 온도가 더 높아지면 R_e원자는 보다 활발해져서 이랑길을 뛰어넘어 사진의 세로 방향으로도 움직이게 된다.

마찬가지로 최근에는 여러 가지 금속 표면의 원자배열이나 흡착입자의 행동을 자세하게 관찰할 수 있게 되었다. 그러나 이렇게 해서 얻은 정보가 곧바로 금속의 촉매작용과 연결되는 것은 아니다. 높은 진공 아래서 더구나 강한 전기장 속에서도 금속 표면에 찰싹 달라붙어서 떨어지지 않는 흡착입자는 당연히 안정되고 반응하기 어려운 상태임은 틀림없기 때문이다.

일어나기 쉬운 반응과 까다로운 반응

같은 물질이라도 만드는 방법에 따라 촉매작용이 크게 다르며 그것이 많은 특허로 되어 있는 이유는 무엇일까?

자세한 것은 잘 모르지만 이 질문처럼 이른바 촉매조제법(觸媒調製法)이 기업의 비밀로 많은 특허가 되어 있는 것은 확실하다. 질문처럼 '왜?'에 대해서는 현시점에서는 '모르겠다' 말고는 대답할 길이 없다. 다만 그 이유일 것으로 생각되는 몇 가지는 알고 있다. 하나는 조제 방법에 따라 촉매 표면의 구조가 달라지는 듯하다는 것과 또 하나는 소설 『지킬 박사와 하이드』[31]의 약처럼 원료에 섞여 있던 미량의 무엇인가가 촉매작용을 나타내고 있을지도 모른다는 것이다. 나중의 경우에 대해서는 최근에 다음과 같은 사실이 발견되었다. 필자가 소속돼 있는 연구소의 도요지마 박사의 보고에 따르면 황산철($FeSO_4$)을 약 700℃로 분

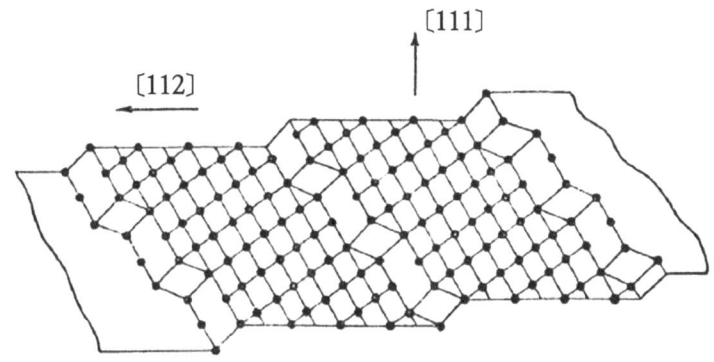

그림 6-5 | 백금의 단결정면(111)을 약간 비스듬히 잘랐을 때 표면 백금원자의 배열방식

해해서 만든 산화철은 어떤 종류의 중합반응을 맹렬하게 촉매한다. X선 등의 분광기로 조사해 보면 보통의 산화철에 지나지 않는데도 질산철이나 수산화철을 구워서 만든 산화철에는 이와 같은 촉매작용이 전혀 없다. 고체에 남아 있던 미량의 황이 어떤 작용을 하고 있다고밖에는 생각할 길이 없다. 마찬가지로 미량의 황이 작용하고 있다는 예로 산화반응의 백금촉매에 대해서는 들은 적이 있다. 이와 같이 혼합물을 만드는 것으로써 촉매작용의 발현(發現)은 '복합(複合) 효과'라고 불리며 현재의 촉매 연구자들에게 커다란 연구과제로 남아 있다.

고체의 표면구조, 즉 표면원자의 배열방식과 촉매작용의 관계에 대해서는 최근 미국의 소몰자이(Somolzai, G. A) 박사가 재미있는 결과를 보고하고 있다. 그는 헝가리에서 미국으로 이민 간 학자로 금속촉매로서는 가장 흔한 백금의 단결정을 사용해서 (111)면만으로써 이루어진

평탄한 면 (A)와 그것을 약간 비스듬히 잘라서 7~8원자마다 한 원자의 계단을 갖는 〈그림 6-5〉와 같은 면 (B)를 만들어 촉매활성의 차이를 조사했다. 지금까지 H_2로부터 쉽게 H원자를 만드는 고체가 경수소(輕水素) 분자 H_2와 중수소 분자 D_2의 평형화(平衡化) 반응

$$H_2 + D_2 \rightleftharpoons 2HD \qquad (6-3)$$

의 좋은 촉매라고 하며 백금이 그것의 대표적인 것이었지만 (A)면은 의외로 활성이 낮고 (B)면은 그보다 수천 배나 활성이 크다는 것을 발견했다. 마찬가지로 시클로헥산의 수소화 개환(開環)반응

$$\bigcirc + H_2 \longrightarrow \wedge\!\!\wedge\!\!\vee \qquad (6-4)$$

시클로헥산   n-헥산

이나 포화탄화수소와 수소의 반응

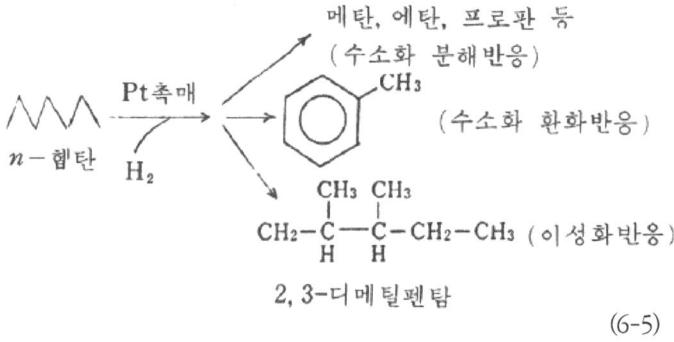

(6-5)

도 (6-3)과 마찬가지로 (B)면 쪽이 뛰어나게 활성이 컸다.

한편 시클로헥산의 탈수소반응

$$\bigcirc \xrightarrow[3H_2]{Pt} \bigcirc \qquad (6\text{-}6)$$

에 대해서는 (A)면과 (B)면의 활성에 큰 차이가 없었다.

미국의 부더 박사는 고체 촉매반응을 구분해서 (6-6)과 같이 촉매 표면구조에 둔감한 반응을 '쉬운(facile) 반응', (6-3, 4, 5)처럼 표면구조에 민감한 반응을 '까다로운(demanding) 반응'으로 구별할 것을 제안하고 있다. 여기서 말한 '까다로운 반응'은 평면으로 배열된 백금원자의 작용이 효과적이라는 것을 나타내고 있다.

꼼꼼한 터널꾼

고체와 기체 사이에서 일어나는 촉매반응에 대해서도 비슷한 흥미로운 현상을 볼 수 있다. 최근 석탄 등의 탄소자원의 가스화가 여러 가지로 연구되고 있다. 이것과 관련해서 최근 영국의 베이커 박사는 그래파이트(흑연)의 연소를 촉매하는 백금입자의 작용을 전자현미경으로 관찰해서 재미있는 결과를 얻었다.

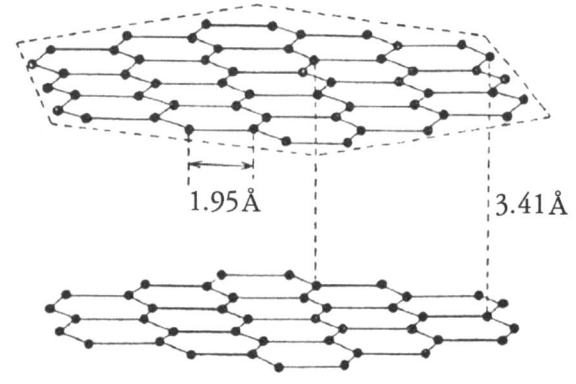

그림 6-6 | 그래파이트(흑연)의 층상구조(●은 탄소원자. 그림 중의 ●이 전부 없어지면 6각형의 구멍이 된다)

    그래파이트는 〈그림 6-6〉처럼 탄소가 6각형으로 연결되어 이루어진 그물을 층층으로 겹친 것 같은 망층상(網層狀) 결정구조를 가지고 있다. 정결한 결정을 산소 속에서 빨갛게 달구어도 거의 변화가 없지만 결정에 백금의 미립자를 바른 것을 가열하면 연소해서 탄산가스가 된다. 이때 그래파이트 결정이 깎여 나가는 상태에는 두 가지 형이 있음을 알았다. 하나는 그림의 겹쳐진 그물에 수직으로 구멍을 뚫는 것이며 이 구멍은 정확하게 6각형이 된다. 또 하나는 수직 구멍보다는 쉽게 일어나는 것으로서 겹쳐진 층과 평행으로 옆 구멍이나 도랑을 판다. 만들어진 도랑은 백금입자의 크기에 따라서 일정한 폭과 깊이로 되어 있다. 구멍이든 도랑이든 백금입자가 탄소원자를 산화하면서 벌레처럼 갉아

먹고 들어간다.

이 도랑은 여러 가지로 구부러지지만 구부러지는 각도는 정확히 60°이거나 120°였다. 백금촉매에 흡착된 산소원자가 그래파이트의 탄소원자를 무질서하게 먹어치우는 것이 아니고, 그래파이트의 결정구조를 따라 정확하게 반응을 일으키는 것을 알 수 있다.

석탄이나 코크스의 연소에서는 탄산칼륨이 촉매로서 작용한다고 잘 알려져 있다. 재(灰)에 묻은 숯이 꺼지지 않고 오랫동안 살아 있는 것은 그 표면에 생성되는 숯 속 탄산칼륨의 촉매작용에 의한 것 같다. 필자가 그래파이트를 사용해서 조사한 바로는 칼륨도 백금과 마찬가지로 탄소원자의 배열방식을 쫓는 꼼꼼한 터널 굴착공이라는 것이다.

배위와 촉매작용

아세트알데히드의 새로운 합성방법이나 폴리에틸렌, 폴리프로필렌 합성법 등에 금속의 염소화합물이 촉매로 사용되고 이것은 근대 화학합성의 한 영역이라고 하는데 그 이유는 무엇인가?

여기서 말이 나온 금속염화물(金屬鹽化物)은 이들의 반응이 한창일 때는 〈그림 5-1〉에서 소개한 금속착체 부류의 촉매와 마찬가지의 작용을 하고 있어서 지금까지 이야기한 금속 등의 고체촉매는 전혀 다른 기구로 반응을 일으키고 있다고 생각하고 있다.

금속착체는 〈그림 5-1〉과 관련해서 간단히 소개했지만 금속이온에 염소원자나 암모니아, 일산화탄소나 여러 가지 유기화합물의 분자가 결합되어 있는 일종의 화합물을 말한다. 금속이온에 결합된 이들 원자나 분자를 통틀어서 '배위자(配位子)'라고 부르고, 이들의 결합은 보통 화합물의 화학결합에 비해서 훨씬 복잡한 성질을 가지고 있기 때문에 구별해서 '배위결합'이라고 부르고 있다. 금속착체의 화학은 약 100년 전에 독일의 베르너에 의해서 기초가 다듬어졌지만 그 촉매로서의 활동이 주목받기 시작한 것은 겨우 20세기에 들어서면서부터이다. 아세트알데히드를 제조하는 헥스트-워커 촉매가 발견되기까지를 예로 그 내용을 알아보자.

약 150년 전에 차이스 염(Zeise's salt)이라는 백금화합물이 알려져 있었다.

$$\text{Zeise's salt} : K[PtCl_3(C_2H_4)] \cdot H_2O$$

〔 〕 내의 물질은 전체로서 (-)1가의 착(錯)이온이고 (+)1가의 칼륨이온과 염을 만들며 1분자의 결정수(結晶水)를 가지고 있다. 이 착이온〔 〕의 알맹이는 (+)2가의 백금 이온에 (-)1가의 염소이온 세 개와 중성인 에틸렌 분자가 배위결합을 하고 있다. 이 차이스 염을 물에 녹여 가열하면 중성인 백금입자가 침전하는 동시에 아세트알데히드가 생성된다는 것은 이미 1894년에 알려졌지만 이것이 알데히드 공업의 모델 반응

$$K[PtCl_3(C_2H_4)] + H_2O \rightarrow$$
$$KCl + 2HCl + Pt + CH_3 \cdot CHO \qquad (6\text{-}7)$$

이 되리라고는 아무도 생각하지 못했다. 1960년까지의 알데히드 공업은 다음과 같은 2단계 공정에 의해서 이루어지고 있었다.

$$\text{올레핀} \xrightarrow[H_2O]{(촉매)} \text{알코올} \xrightarrow[H_2]{(촉매)} \text{알데히드} \qquad (6\text{-}8)$$

서독의 워커회사의 연구실에서 슈미트 박사팀은 에틸렌을 산화해서 에틸렌 옥사이드 $H_2C-CH_2 \atop \diagdown O \diagup$ 를 만들려고 활성탄을 바른 팔라듐 촉매를 조사하고 있었다(지금에야 이 반응을 일으키는 촉매로는 은이 유일하다는 것이 정설로 되어 있지만 당시에는 알려지지 않았다). 반응은 예상과는 달리 아세트알데히드가 생성된다는 것, 또 촉매 조제에 사용한 물과 염화수소가 존재하면 활성이 크다는 것을 발견했지만 촉매가 금방 효과가 없어져 버렸다. 그 원인은

$$H_2C=CH_2 + O_2 \left\langle \begin{array}{l} \xrightarrow{(Pd)} CH_3 \cdot CHO \\ \xrightarrow{Ag} H_2C-CH_2 \\ \qquad\quad \diagdown O \diagup \end{array} \right. \qquad (6\text{-}9)$$

로서 2가의 염화팔라듐 $PdCl_2$가 환원되어 중성의 팔라듐 금속이 되어 버리기 때문이라는 것이 밝혀졌다. [(6-10)의 제1식], 한편 금속팔라듐은 2가의 염화동 $CuCl_2$와 반응해서 $PdCl_2$로 되고 구리는 1가의 염화물인 CuCl이 된다는 것[(6-10) 제2식]과 (6-10)의 제3식처럼 염산수용액 속에서 산소를 뿜어 넣으면 CuCl은 $CuCl_2$로 된다는 것이 알려져 있었다.

$$\left.\begin{array}{l} C_2H_4 + H_2O + PdCl_2 \longrightarrow CH_3 \cdot CHO + 2HCl + Pd \\ Pd + 2CuCl_2 \longrightarrow PdCl_2 + 2CuCl \\ 2CuCl + 2HCl + \tfrac{1}{2}O_2 \longrightarrow 2CuCl_2 + H_2O \end{array}\right\}$$

(6-10)

이 세 가지 반응이 연속해서 일어나면 총결산해서

$$C_2H_4 + \tfrac{1}{2}O_2 \rightarrow CH_3 \cdot CHO$$

가 되고 에틸렌이 산화되어 아세트알데히드로 바뀌게 된다. 이것이 슈미트 박사팀에 의해 헥스트-워커법으로서 공업화된 반응의 기본이다. 이 반응기구(6-10)의 제1식의 내용은 현재는 다음과 같이 팔라듐 착체를 거쳐서 일어난다고 한다.

$$[\text{Cl}\text{-Pd-Cl}\text{-Cl}]^{2-} \xrightarrow[2\text{Cl}^-]{\text{C}_2\text{H}_4, \text{H}_2\text{O}} \begin{bmatrix} \text{Cl} & \text{OH}_2 \\ \text{Pd} & \\ \text{Cl} & \text{CH}_2\text{=CH}_2 \end{bmatrix} \xrightarrow{\text{OH}^-} \begin{bmatrix} \text{Cl} & \text{OH}_2 \\ \text{Pd} & \\ \text{Cl} & \text{C-C} \\ & \text{OH}^- \end{bmatrix}$$

I   II

$$\xrightarrow{\text{C}_2\text{H}_4} \begin{bmatrix} \text{Cl} & \text{OH}_2 \\ \text{Pd} & \\ \text{Cl} & \text{CH}_2\text{=CH}_2 \end{bmatrix} + {}^{\oplus}\text{C-OH} \longrightarrow \text{H-C-H} + \text{H}^+$$

(6-11)

   Pd가 염산 수용액 속에서는 $[\text{PdCl}_4]^{2-}$이라는 2가의 착이온으로 되어 있어 배위되어 있는 Cl-두 개가 에틸렌과 물분자로 변하고(Ⅰ), 물로부터 온 OH-이온의 공격을 받기 쉬워져서(Ⅱ), 에틸렌이 아세트알데히드로 된다고 한다.

   (6-10)의 총결산식에서는 에틸렌의 산화에 사용되는 산소는 산소가스(O_2)인데도 (6-10) 제1식 또는 (6-11)에서는 물에 유래하는 산소가 사용되고 있다는 것을 알아챘으리라고 생각한다. 이것은 다음의 실험으로 확인되었다.

   이 반응이 일어나고 용액의 물에 보통 물 $\text{H}_2{}^{16}\text{O}$(원자량이 16인 O원자가 수소로써 이루어진 물)을, 산소가스에는 무거운 산소가스 ${}^{18}\text{O}_2$(원자량 18의 산소가스)를 사용하면 생성된 알데히드에 함유된 산소원자는 ${}^{18}\text{O}$가 아니고 ^{16}O였다. 또 중수(D_2O) 속에서 반응시켜도 알데히드는 중수소원자 O를 함유하지 않은 것으로부터 알데히드 분자의 네 개의 수소원자는 모두 에틸렌으로부터 온 것을 알았다.

그런데 (6-11)의 OH^-는 Pd에 배위결합해 있는 에틸렌분자를 용액 쪽으로부터 공격하고 있는데, 만일 Pd에 한번 배위했다가 에틸렌 분자를 공격할 경우에는 다음과 같이 생성되는 것이 달라진다는 것을 예상할 수 있다.

$$L_nM - \underset{C}{\overset{C}{\|}} \xrightarrow{\overset{X}{\curvearrowleft}} L_nM - \overset{|}{\underset{|}{C}} - \overset{|}{\underset{|}{C}} - X \qquad (6\text{-}12, t) \quad (트랜스\ 부가)$$

$$L_nM - \underset{C}{\overset{C}{\|}} \xrightarrow{\overset{L}{\nearrow}\underset{X}{\searrow}} L_{n-1}M \overset{C}{\underset{X}{\diagdown \!\!\! \diagup}} \longrightarrow L_{n-1}M - \overset{|}{\underset{|}{C}} - \overset{|}{\underset{X-\overset{|}{\underset{|}{C}}-}{C}} \qquad (6\text{-}12, c) \quad (시스\ 부가)$$

(L_n은 n개의 배위자 L이 M에 결합되어 있는 것을 나타낸다)

앞의 것은 이를테면 OH^-처럼 반응상대인 X가 용액 쪽으로부터 배위 에틸렌에 접근할 경우로서 금속이온 M과 X는 C-C결합에 관해서 반대쪽에 있다. 이것은 반대를 의미하는 '트랜스(trans) 부가'라고 한다. 뒤에 것은 X가 한번 M에 배위했다가 배위 에틸렌에 부가하기 때문에 M과 X는 C-C결합의 같은 쪽에 결합한다. 이것을 '시스(cis) 부가'라고

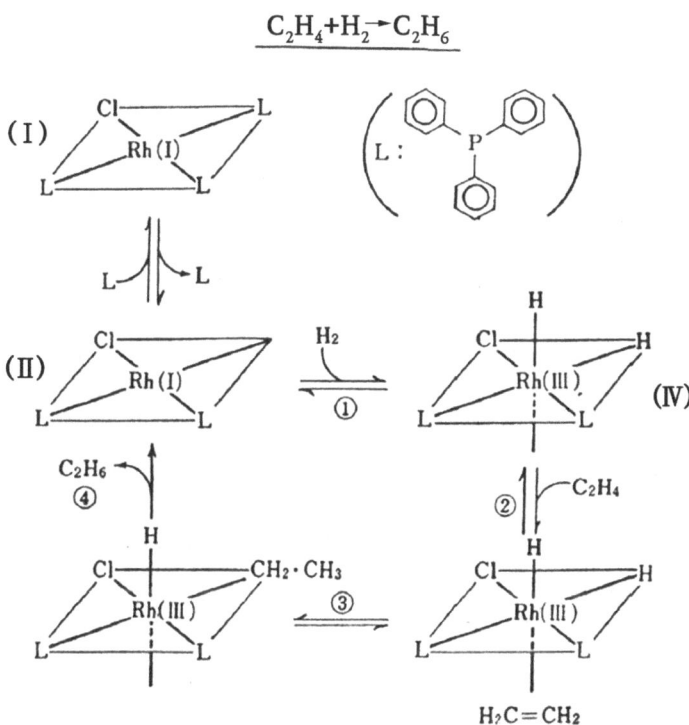

그림 6-7 | 윌킨슨 착체에 의한 에틸렌의 수소화

한다. 헥스트-워커 반응은 트랜스부가이지만 다른 대개의 금속착체가 촉매하는 반응에서 반응기질은 모두 배위한 다음에 반응하는 시스부가가 대부분이다. 이와 같이 착체촉매에서는 금속촉매와 비교해서 훨씬 구조규제(構造規制)가 강하게 듣는다는 것을 알 수 있다.

같은 이유로 착체촉매에서는 반응기질이 배위 가능한 자리(빈 배위

좌)의 수에 따라서 촉매로서 작용하는 반응의 종류가 뚜렷하게 달라진 다는 커다란 특징이 있다. 영국의 노벨상 수상 화학자 윌킨슨 박사가 합성한 윌킨슨 착체에 의한 에틸렌의 수소화반응을 예로 들어보자.

〈그림 6-7〉 위쪽의 (I)이 이 착체로서 Cl^-이온 한 개와 중성 배위자 L(3-페닐 포스틴) 3개가 (+)1가의 로듐(Rh)이온에 배위된 배위착체이다. 이 배위자 L은 쉽게 배위되거나 떨어지거나 하여 착체촉매로 흔히 사용되고 있다. 이 착체를 유기 용매에 녹여서 에틸렌과 수소를 뿜어 넣으면 에탄이 된다. (I)이 L 1개를 버리고 (II)로 됨으로써 소반응 ①, 즉 수소분자가 해리해서 동일한 Rh이온에 배위할 수 있게 된다. 이때 H원자의 배위는 Rh이온의 전자 1개와 H원자의 전자 1개를 사용하고 있는 것이 되어 Rh이온은 형식적으로 3가로 되기 때문에 산화적 부가반응이라고 부르고 있다.

소반응 ①에 의해서 생성된 히드리드 착체(H가 배위한 착체의 총칭)의 또 하나의 빈 배위 자리에 에틸렌이 배위되면 소반응 ③과 ④를 거쳐 에탄이 생성된다. 이어서 ①로부터 ④까지의 소반응이 계속해서 일어나는 회로에 의해서 에틸렌의 수소화 반응이 계속된다.

이 회로 속에서 에틸렌이나 수소보다도 강하게 배위되는 화합물에 의해서 비어 있는 배위 자리가 하나라도 점유되면 수소화 반응이 멎는 것이 예상된다. 사실 〈그림 6-8〉의 상단에 나타낸 윌킨슨 착체의 친척뻘인 3가 Rh 이온에 CO가 여분으로 배위된 히드리드 착체는 에틸렌을 수소화하는 능력이 없다. 그러나 1개의 배위 H와 에틸렌 배위용의 빈

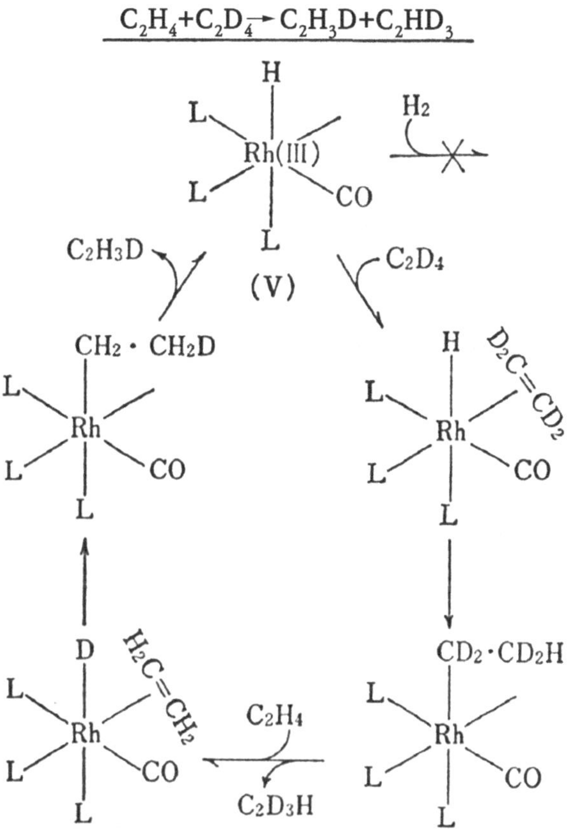
C2H4+C2D4 → C2H3D+C2HD3
H
L
Rh(III)
L
CO
L
H2
(V)
C2H3D
C2D4
CH2 · CH2D
H
D2C=CD2
Rh
CO
D
H2C=CH2
C2H4
C2D3H
CD2·CD2H

그림 6-8 | 로듐 착체 HRh(CO) L_3에 의한 에틸렌 수소 교환 반응

배위 자리 1개를 가지므로 〈그림 6-8〉과 같은 회로에 의해서 에틸렌 분자 간의 수소를 교환하는 반응을 일으킬 수가 있다. 금속 촉매의 경우 에틸렌 분자 간의 수소 교환을 일으킬 수 있는 것은 에틸렌의 수소

화반응도 촉매하는 데 비해서 착체촉매에서는 〈그림 6-7〉의 (Ⅳ)로부터 〈그림 6-8〉의 (Ⅴ)와 같은 약간의 변형에 의해서 촉매하는 반응을 선택적으로 조절할 수가 있다.

그런데 에틸렌 등의 올레핀류가 배위할 수 있는 배위 자리가 인접해서 두 개의 빈자리가 있을 때는 어떤 일이 일어날까? 착체촉매 반응에서는 금속이온에 배위된 배위자 간의 반응 (6-12, C)이 기본적이며 그것은 일반적으로 다음과 같이 쓰인다.

$$L_nM - \overset{\overset{R}{|}}{\underset{\underset{C}{|}}{C}}{=}\!{=}\quad \longrightarrow \quad L_nM - \overset{|}{\underset{|}{C}} - \overset{|}{\underset{|}{C}} - R \qquad (6\text{-}13)$$

R이 H일 때에는 이 삽입 반응은 〈그림 6-7〉의 소반응 ③이고 R이 알킬기-$(CH_2)n\text{-}CH_3$]일 경우에는 마치 머리카락이 모근으로부터 돋아서 자라는 것처럼 연달아 일어나는 삽입반응에 의해 금속이온 M에 배위되어 있는 탄화수소의 사슬이 길게 뻗어서 폴리에틸렌과 같은 고분자 화합물이 생성된다. 제2장에서 말했듯이 1952년 독일의 치글러 박사팀은 $Al(C_2H_5)_3$과 $TiCl_4$의 혼합물을 촉매로 사용해서 에틸렌으로부터 결정성이 높은 폴리에틸렌을 만들었다. 이 업적으로 그에게는 1962년에 노벨 화학상이 수여되었다.

동위원소로서 표지를 한다

"도마코마이 항구를 축조할 적에 해안에 연한 바닷물의 흐름을 조사했는데, 방사성 원소를 바다에 투입해서 그 행방을 카운터로 조사했다는 이야기를 들은 적이 있습니다. 전에 하신 말씀에 산화반응에 사용되는 산소가 기체의 산소로부터 오느냐, 물에서부터 오느냐를 확인하기 위해 무거운 산소를 사용한 실험 이야기가 퍽 재미있었는데, 여러 가지 사용방법이 더 있겠군요."

북해도의 도마코마이 항구의 해류의 경우는 바닷물의 이동을 조사할 뿐이었으므로 색소를 투입해도 되었지만, 극단적으로 희석되면 알 수 없게 된다. 아주 붉어지더라도 알 수 있게 측정이 간단하고 감도가 좋은 방사선을 표식으로 쓰기로 하고 수명이 긴 방사성 동위원소를 사용했다. 이와 같이 아이소토프(isotope)로 표지를 하는 것을 일반적으로 '아이소토프 트레이서(tracer)법'이라고 한다. 화학반응이라고 하는 검은 상자 속의 미로를 찾는 데는 매우 효과적인 방법으로서 20세기 초에 아이소토프가 발견되어 농축이 가능해지면서 재빨리 사용되었다.

방사성 동위원소를 사용할 경우에는 반응 생성물을 화합물별로 분리하고 나서 카운터로 방사선의 강도를 측정한다. 방사성이 없고 원자량만이 다른 아이소토프의 경우에는 분자의 무게를 구별하는 질량분석계로 측정한다. 이 경우에는 같은 화합물이라도 포함되는 아이소토프의 원자 수를 구별할 수 있으므로 화합물에 들어 있는 평균량밖에 알지 못하는 방사성 아이소토프의 경우와 비교해서 훨씬 상세한 정보를 얻을 수 있다.

    질량분석계가 화학분석에도 사용될 수 있을 정도로 실용화가 된 1950년에 미국의 타케비치 박사는 니켈촉매에 의한 에틸렌의 수소화반응에 중수소를 사용했을 때 생성되는 에탄의 질량분석을 해보았다.

$$C_2H_4 + D_2 \xrightarrow{(Ni)} C_2H_4D_2 \quad\quad (6\text{-}14)$$

    (6-14)에 표기한 것처럼 중수소 원자 (D)를 두 개 함유한 에탄이 만들어질 것이라고 생각했더니 반응 초기에는 전혀 D를 함유하지 않는 C_2H_6이 가장 많이 생성된다는 것을 알고 그들은 논문에 "놀라운 사실"이라고 기술했다. 에틸렌 수소화의 속도는 수소농도에 비례하는데, 에틸렌이나 생성된 에탄의 농도와는 관계가 없다는 것으로부터 이 반응속도는 기체상수소가 Ni 표면에 공급되는 속도에 따라 좁혀지고 있다고 했다. 그랬더니 Ni에 화학흡착한 D_2는 곧장 에틸렌분자의 이중결합에 착착 부가할 것이라는 예상이 완전히 빗나갔던 것이다. 사용한 D_2가 전부 에틸렌의 수소화에 사용되었을 때의 총결산서 (6-14)처럼 탄소와 경수소, 중수소의 원자 수의 비가 2:4:2가 된다는 것은 반응으로 원자가 소멸하거나 증가하지 않는 한, 확실하지만 맨 처음부터 $C_2H_4D_2$라는 조성(組成)을 가진 에탄 분자가 된다는 보장은 없다는 사실을 깨닫지 못했다는 것이 그들의 맹점이었다.

이 사실은 곧 도쿄공업대학의 요시이 박사에 의해 1934년에 제안되었던 호리우찌·폴라니의 반응기구(6-15)로 일어난다고 하면 이상할 것이 없다고 지적되었다.

$$
\begin{array}{l}
C_2H_4(기체) \rightleftarrows C_2H_4(a) \\
 \Big\} \rightleftarrows C_2H_5(a) \\
H_2(기체) \longrightarrow \begin{cases} H(a) \\ H(a) \cdots\cdots\cdots \end{cases} \Big\} \longrightarrow C_2H_6
\end{array}
\qquad (6\text{-}15)
$$

Ni에 화학흡착된 D원자는 에틸렌과 잽싸게 수소를 교환하기 때문에 Ni 표면의 흡착 수소 원자의 대부분이 에틸렌으로부터 유래하는 가벼운 수소 원자와 교대되고 있어 이것이 에틸렌의 수소화에 쓰이기 때문에 $C_2H_4 + 2H(a) \rightarrow C_2H_6$에 의해서 D를 함유하지 않는 에탄이 가장 많이 생성된다고 한다. 이 설명은 그 후 필자들의 연구실에서 상세한 질량분석 실험에 의해서 확인되었다. 중수소화 반응의 경우에 중수소 원자를 함유하는 것은 (6-14)의 반응에서 쓴 것과 같은 에탄($C_2H_4D_2$)뿐만은 아니다. 수소와 에틸렌에도 D가 들어가기 때문에 세 종류의 수소분자 H_2, HD, D_2, 다섯 종류의 에틸렌 C_2H_4, C_2H_3D, $C_2H_2D_2$, C_2HD_3, C_2D_4, 일곱 종류의 에탄 분자인 C_2H_6, C_2H_5D, $C_2H_4D_2$, $C_2H_3D_3$, $C_2H_2D_4$, C_2HD_5, C_2D_6이 생성된다. 이것들을 질량분석계로 측정했던 것이다.

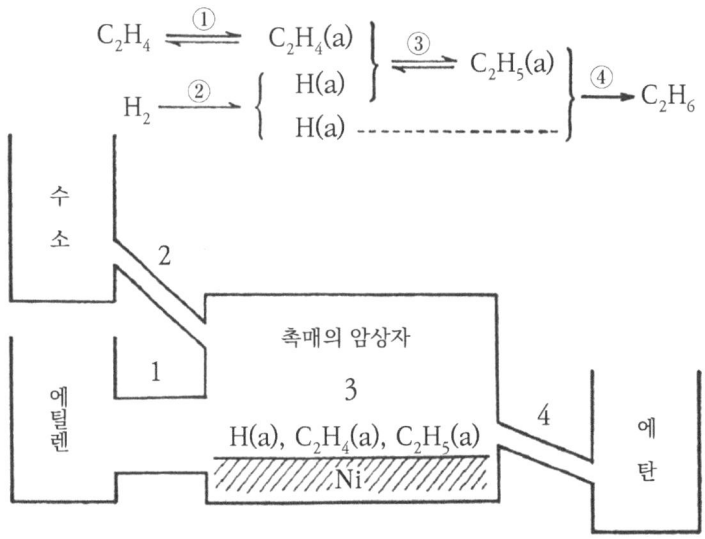

그림 6-9 | Ni촉매에 의한 에틸렌 수소화반응의 기구

  그 결과 알게 된 반응기구 (6-15)의 상태를 〈그림 6-9〉의 물탱크 모형을 통해서 설명하겠다. 소반응을 나타내는 파이프 ②와 ④는 가늘고 경사가 크기 때문에 물은 거의 역류하지 않지만, 파이프 ①은 굵고 거의 수평이기 때문에 물은 좌우로 자유롭게 왕래할 수 있다. 타케비치 등의 예상은 수소의 물탱크에 넣은 붉은 잉크(D_2)가 그대로 파이프 ②와 ④를 통과해서 에탄 물탱크로 흘러드는 것에 해당하지만 실은 파이프 ②로부터 흘러든 붉은 잉크는 파이프 ①을 통과해서 자유로이 들어가는 에틸렌 물탱크의 물(H)로 희석되기 때문에 파이프 ④로부터 흘러 나

가는 물(에탄)은 극히 조금밖에 붉어지지 않았다고 한다. 그런데 에틸렌 분자의 탄소 간의 결합은 이중결합이므로 자유로이 뒤틀리는 일이 없다. 따라서 D를 두 개 포함하는 에틸렌 분자($C_2H_2D_2$)에는

$$\begin{array}{cc} \underset{H}{\overset{D}{\diagdown}}C=C\underset{H}{\overset{D}{\diagup}} & \underset{H}{\overset{D}{\diagdown}}C=C\underset{D}{\overset{H}{\diagup}} \end{array} \quad (6\text{-}16)$$

시스형 　　　트랜스형

의 두 종류가 안정하게 존재할 터인데, 질량분석계로 구별되지 않지만 적외선 흡수분광계(IR)를 사용하면 구별할 수 있다. 그 밖의 화합물에 대해서도 최근에는 핵(核)자기공명 흡수분광계(NMR)나 마이크로파 흡수분광계 등의 장치를 사용해서 D를 함유하는 화합물의 어느 위치에 D가 들어 있는가를 결정할 수 있게 되었다. 이 방법을 사용해서 D가 들어오는 위치를 알게 됨으로써 촉매반응의 중간체가 촉매 표면에 어떤 구조로 화학흡착을 하고 있었는가를 알게 된다. 이를테면 (6-16)의 트랜스형 에틸렌($C_2H_2D_2$)을 써서, 헥스트-워커 반응에 있어서의 배위에틸렌과 OH^-와의 반응이 트랜스부가라는 것이 증명되었다. 그 밖에도 이를테면 에틸렌 바로 위의 화합물인 프로필렌($H_2C=CH\text{-}CH_3$)이 촉매 위에서 D와 H를 교환하는 반응

$$C_3H_6 + D(a) \longrightarrow C_3H_5D + H(a) \quad \underset{H\ \ \ H}{\overset{D\ \ \ CH_3}{C=C}} \quad (6\text{-}17)$$

도 옛날부터 알려져 있었으나 프로필렌 분자가 화학흡착을 할 때에 먼저 자기가 가진 H를 한 개 떼어 내어 흡착하고 대신 흡착 D를 한 개 주워서 촉매를 떠나게 된다고 하는 것인지,

$$C_3H_6 \xrightarrow{H(a)} C_3H_5(a) \xrightarrow{D(a)} C_3H_5D \quad (6\text{-}18)$$

아니면 D를 한 개 주워서 알킬기가 되고 나면 H를 한 개 떼어 내어 촉매를 떠나는 것인지

$$C_3H_6 + D(a)+ \rightarrow C_3H_6D(a) \rightarrow C_3H_5D + H(a) \quad (6\text{-}19)$$

가 문제가 된다.

 이것에 대해서 최근 필자들의 연구실에서 했던 2황화몰리브덴촉매의 실험 결과는 명쾌한 해답을 주는 것이었다. 상세한 것은 생략하지만 D 한 개를 특별한 위치에 넣은 프로필렌 Z-1-d_1을 합성하고 그것의 수소 교환반응에 의한 생성물을 마이크로파 분광으로 조사하여 반응이 화합기구로서 일어난다는 사실, 흡착 중간체의 70%가 끝의 탄소로 흡

착된 노르말형이고, 30%가 한가운데의 탄소에서 흡착된 이소형이라는 것 등을 알게 되었다. 또 프로필렌이 수소화되어 프로판으로 될 때의 중간체는 전부 이소형이라는 것도 알았다.

$$\begin{array}{ccc} & D & CH_3 \\ & | & | \\ H- & C-C & -H \\ & | & | \\ & * & H \end{array} \qquad \begin{array}{ccc} & D & CH_3 \\ & | & | \\ H- & C-C & -H \\ & | & | \\ & H & * \end{array}$$

    노르말형   이소형

(*는 촉매 표면의 흡착점)

제7장

촉매의 장래

— 진단과 설계 —

제6장에서 촉매반응의 기구를 어떻게 탐구하느냐에 대해서 알아보았는데, 그렇게 해서 얻은 지식을 바탕으로 원하는 화학반응을 원하는 방향으로 효율적으로 일으키는 촉매가 어떤 작용을 하는지 진단하고 또 어떻게 설계되는가를 몇 가지 예를 들어 생각해보자.

광촉매 반응

황화수은(HgS)이 자외선을 받아 수은을 유독 메틸수은으로 바꾸는 이야기나 〈그림 3-5〉에서 나타낸 혼다·후지시마 효과에 의해서 자외선이 쬐어진 산화티탄이 백금극(白金極)과의 사이에서 전지를 형성하는 동시에 물을 수소와 산소로 분해하는 것처럼 빛의 에너지가 어떠한 형태로 바꾸어져 일어나는 촉매반응을 통틀어 '광촉매 반응'이라고 한다. 식물의 엽록소가 태양빛 아래서 탄산가스와 물로부터 탄수화물이나 탄화수소를 합성하고 산소를 뱉어내는 것은 자외선뿐만이 아니라 가시영역(可視領域)의 광에너지도 이용하는 지극히 효율적인 대표적인 광촉매반응이다. 또 그것을 흉내 내는 촉매를 인공적으로 만들어내는 데까지 이르지 못했지만 한 걸음 한 걸음이 목적에 접근하고 있다고 하겠다.

N형 반도체인 산화아연(ZnO)이나 산화티탄(TiO_2)은 근자외광(近紫外光)을 비쳤다 끊었다면 다량의 산소를 흡착하거나 탈리(脫離)하거나 하는 것으로 알려져 있다. 이것의 연장으로서 최근 미국의 바드 박사는

태양빛과 산화티탄을 사용해서 시안이온(CN⁻)을 산화할 수 있다는 것을 발견했다. 1971년 이후 일본에서는 폐수규준(廢水規準)으로 시안 이온은 1ppm 이하로 되어 있는데 1978년 1월 14일의 이즈오오시마 근해의 지진이 발생했을 때 저류지가 터져서 광산의 광물 찌꺼기 속에 시안이온을 함유한 물이 대량으로 흘러 나가 민물고기가 전멸하는 일대 소동이 일어났다. 만일 광촉매 반응을 이용해서 저류지의 시안을 해가 없게 할 수 있다면 매우 좋은 일이며 이런 방향으로 연구하는 것이 바람직하다.

광촉매 반응을 일으키는 고체 촉매의 대부분은 이른바 '반도체'라고 불리는 고체로서 그 광촉매 반응의 기구는 천연색 사진의 네거필름에 발라져 있는 광증감제(光增感劑)라고 불리는 한 무리의 색소의 역할과 비슷하다. 색소는 빛이 닿으면 색소 특유의 파장 영역의 빛을 흡수해서 전자를 방출한다. 그 전자가 감광제(感光劑)의 분자로 옮아가서 반응을 일으키고 사진의 잠상(潛像)을 만든다. 그와 마찬가지로 반도체인 고체에 빛이 닿으면 반도체 내의 원자에 고정되어 있는 전자가 일정한 파장의 빛을 흡수해서 전도부(傳導部)라는 전자가 자유로이 운동할 수 있는 고에너지 상태로 들어간다. 동시에 전자가 빠져나간 정공(正孔, 홀)이 고체 내에 생긴다. 이렇게 해서 생긴 전자나 정공이 반도체 표면에 흡착해 있는 반응기질로 옮겨가 그것에 반응을 일으키게 한다는 것으로 대체로 이해하고 있다.

최근 미국의 슈라우츠아 박사들은 흥미로운 보고를 하고 있다. 그것은 물의 광분해(光分解)를 일으키는 혼다·후지시마 효과(제3장 〈그림 3-5〉 참조)에 쓰인 산화티탄의 광촉매 반응이다. 이것을 실온에서 수증기를 흡착시킨 다음 수은등의 빛(자외선)을 쬐이자 흡착수(吸着水)의 일부를 수소와 산소로 분해했다. 산화티탄에 약 0.3%의 산화철을 섞으면 훨씬 더 효과적인 반응이 일어난다고 한다. 또 수증기를 흡착한 이 촉매를 질소가스 속에서 수은등으로 조사하면 수소가스 대신 암모니아가 나왔다고 한다.

여기서 한 가지 꿈이 떠오른다. 위에서 말한 촉매가 자외선뿐만 아니라 가시영역의 광선도 사용할 수 있게 개량할 수 있다면 물과 질소와 태양빛이 있으면 고압·고온을 위한 화학장치나 공장 없이도 암모니아를 합성할 수 있으므로 이 광촉매 반응에 의해서 사막을 기름진 옥토로 바꿀 수도 있을 것이다. 다만 사막에 물을 공급하는 문제가 해결된다면 말이다.

금속착체의 광여기(光勵起)는 색소의 그것과 마찬가지로 화학구조가 알려져 있다. 더구나 고체촉매와 같은 표면의 영향이라는 어려운 문제가 얽혀들지 않으므로 효소의 광촉매 작용과의 관계도 여러 가지로 조사되고 있다.

실패하기는 했지만 흥미로운 착상으로 엽록소의 흉내를 낸 합성착체(合成錯休)의 예를 소개하겠다.

탄수화물이나 탄화수소를 광합성하는 엽록소는 중심에 (+)2가의 마그네슘이온(Mg^{2+})이 들어 있는 포르피린환(環)이 단백질과 결합된 것이

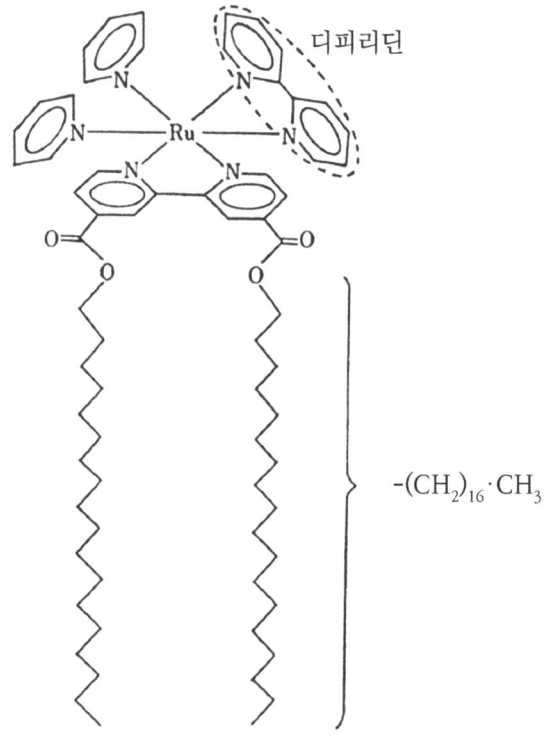

그림 7-1 | 루테늄(Ru)의 디피리딘 착체: 태양광선에 의한 물분해 시도

다(〈그림 4-2, 3〉 참조). 한편 우라늄이라는 금속 원소의 카보닐[*27)] H_2 또는 물과 CO로부터 탄화수소를 합성하는 촉매작용을 가졌다는 것이 알려져 있다.

그래서 미국의 어느 연구자는 〈그림 7-1〉과 같은 루테늄 착체를 합성했다. 중심의 Ru에 배위되어 있는 디피리딘( )에 산소원자

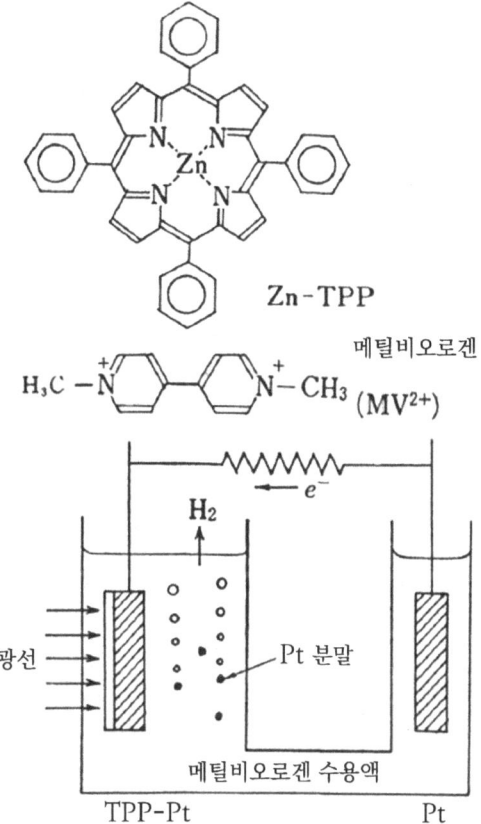

그림 7-2 | 포르피린 착체의 광촉매작용

로 연결되어 있는 두 줄의 기다란 탄소 사슬은 클로로필a라고 불리는 엽록소의 일종인 구조를 모방한 것이다.

 이 화합물을 유리판에 얄팍한 막 상태로 발라서 물속에 넣고 태양빛을 쬐었더니 에너지 전환효율(轉換效率) 10%에서 물이 H_2와 O_2로 분해되었다고 했지만 유감스럽게도 이 실험 결과는 잘못이었다고 정정되었다. 앞으로도 이와 비슷한 연구가 진행될 것이 틀림없다.

아연 이온(Zn^{2+})은 동물의 체내에서 단백질이 배위하고 있는 효소를 만들고 있으므로 정상적인 성장에 없어서는 안 되는 원소로 알려져 있다.

최근 분자 과학 연구소의 사카다, 가와이 박사는 〈그림 7-2〉와 같이 벤젠고리가 네 개나 붙은 포르피린환(TPP) 중심에 아연이온(Zn^{2+})이 들어간 착체를 합성하여 광촉매 작용을 조사했다. 백금판에 이 착체를 엷은 막상(膜狀)으로 바른 것을 〈그림 3-5〉의 산화티탄 전극 대신으로 사용한 장치를 조립했다. 〈그림 3-5〉의 전해질용액 대신 메틸비오로겐이라는 (+)2가의 유기 질소화합물인 이온(MV^{2+})의 수용액을 사용한다. 이 계열에서 일어나는 광촉매 반응의 기구를 〈그림 7-3〉에 나타냈다. 백금판에 발린 포르피린막에 빛이 닿으면 빛 없이는 메틸비오로겐(MV^{2+})으로 옮겨갈 수 없을 만큼 저에너지 상태에 있던 포르피린 착체의 전자가 광에너지를 흡수해서 고에너지 상태로 여기되어 MV^{2+}로 이동해서 이것을 (+)1가로 환원한다.

$$MV^{2+} + e^- \rightarrow MV^+$$

이때 포르피린에 부족한 전자를 백금의 전자가 보충함으로써 〈그림 7-2〉의 전극 사이에 광전류(光電流, 빛의 효과로서 흐르는 전류)가 흐른다.

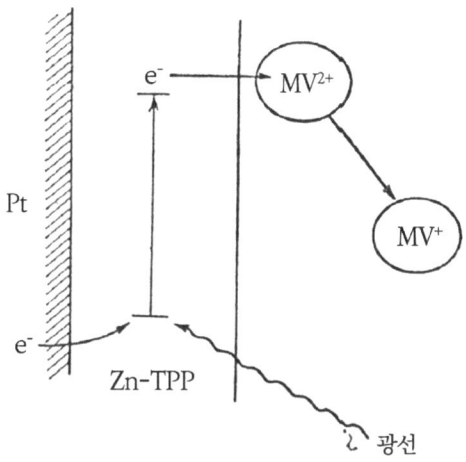

그림 7-3 | Zn-TPP 광촉매 반응의 작용기구

이렇게 해서 생성된 1가의 메틸비오로젠은 환원성이 매우 강해서 적당한 촉매가 있으면 물이 전리해서 만드는 프로톤 H^+을 환원해서 수소가스로 바꾼다. 즉, 이 광촉매에 의해서 MV^+가 많이 생성되어 짙은 감색이 된 용액에 백금가루를 넣으면 수소가 부글부글 발생하는 동시에 액의 색깔이 퇴색한다고 한다.

$$MV^+ + H^+ \xrightarrow{Pt} MV^{2+} + \tfrac{1}{2}H_2$$

광합성까지는 이르지 않으나 아연 포르피린 착체의 광촉매 작용을 이용해서 광에너지를 반응성이 높은 MV^+의 형태로 저장하는 교묘한 아이디어이다.

마지막으로 도쿄대학의 사이토 박사팀이 하고 있는 광촉매 반응의 연구를 소개하겠다. 촉매는 염화로듐($RhCl_3$)과 염화주석($SnCl_2$)을 이소프로필 알코올에 녹여서 생성되는 무기착(錯)화합물이다. 용액은 포도주의 색깔이다. 이것에 자외선을 쬐이면 에너지 변환효율 70%의 높은 수율로서 수소가스가 발생한다고 한다.

$$(CH_3)_2CHOH \xrightarrow[착체]{빛} (CH_3)_2CO + H_2 \quad (7\text{-}1)$$

（이소프로필 알코올）　　　（아세톤）

이 착체의 자외선 흡수특성(흡수강도가 빛의 파장에 의해서 어떻게 변하는가)과 촉매활성의 파장 의존성이 일치하고 있으므로 착체가 빛을 흡수해서 여기되고, 그것이 촉매가 되어서 그 이후는 〈그림 6-7〉의 윌킨슨 착체 촉매반응처럼 몇 번의 화학회로가 열에너지를 흡수하면서 진행하기 때문에 겉보기의 광수율(光收率)이 70% 정도가 되게끔 커지는 것 같다. 아세톤과 수소는 결합해서 이소프로필 알코올로 되는 편이 안정적이다(사실 아세톤에 백금가루를 넣어서 수소를 뿜어 넣으면 이소프로필 알코올로 전환한다). 빛과 열에너지를 사용해서 빛 없이도 일어나는 반응을 반대방향으로 일으켜 아세톤과 수소를 분해함으로써 광에너지를 화학에너지로 전환해서 저장하게 된다.

고체산·염기촉매

황산이 녹말을 가수분해해서 포도당으로 바꾸는 기구는 먼저 황산이 물에 녹아서 프로톤(H^+)과 황산이온(SO_4^{2-})으로 해리하고 그 H^+가 〈그림 5-2〉에 보인 것처럼 녹말이라는 포도당분자로 된 긴 사슬의 산소원자의 연결점을 공격해서 절단하는 것이다.

$$H_2SO_4 \longrightarrow 2H^+ + SO_4^{2-}$$

$$녹말 \xrightarrow[nH_2O]{nH^+ \leftarrow ----} n(포도당) + nH^+ \qquad (7\text{-}2)$$

즉, 이 산촉매의 본질은 프로톤(H^+)에 있고, 황산이온(SO_4^{2-})은 관계가 없다. 따라서 물에 녹아서 마찬가지로 프로톤을 만드는 염산이나 질산에서도 같은 반응을 일으킨다.

염기가 촉매로서 작용하는 예로 잘 알려진 것은 유지(油脂)를 가성소다 용액과 함께 끓여서 비누를 만들 때 '검화(鹼化)'라고 불리는 반응이다. 가성소다는 물에 녹아서 나트륨이온(Na^+)과 수산이온(OH^-)으로 해리된다.

$$NaOH \rightarrow Na^+ + OH^- \qquad (7\text{-}3)$$

OH^-이온이 유지의 주성분인 에스테르의 C-O 결합을 공격, 절단해서 지방산과 알코올로 바꾼다.

$$R-C=O \atop R'-O \quad (에스테르) + OH^- \longrightarrow \begin{cases} R-C=O \atop OH \quad (지방산) \\ R'-O^- \xrightarrow{H_2O} R'-OH + OH^- \quad (알코올) \end{cases}$$

(7-4)

(R이나 R'는 탄소와 수소로써 이루어진 탄화수소의 파편-알킬기-의 약기호).

이때 가성소다의 촉매작용의 본질은 OH^-이온에 있으며 Na^+는 관계가 없다. 따라서 물에 녹아서 마찬가지로 OH^-이온을 만드는 소석회(消石灰)($Ca(OH)_2$)에서도 수산화바륨($Ba(OH)_2$)에서도 같은 반응을 촉매한다.

이와 같이 산이나 염기에 의해서 촉매되는 반응은 촉매의 산성이나 염기성이 문제이며, 촉매가 어떤 화합물이며 어떤 구조를 가졌느냐는 것과는 거의 관계가 없다고 생각되고 있다. 따라서 그와 같은 반응에 가장 적당한 촉매를 설계할 경우에는 촉매의 산이나 염기의 양이나 강도를 어떻게 해서 조절하느냐는 것이 중요한 문제가 된다.

앞에서 소개한 예가 산촉매나 염기촉매의 가장 단순한 경우이다. 여기서 산은 프로톤을 상대에게 주려고 하는 것, 염기라는 프로톤을 원하는 것이 되는 셈이다. 이와 같이 정의되는 산과 염기를 '브뢴스테드의 산·염기'라고 부른다. 이에 대해서 현재는 더 광범한 의미로서의 산·염기의 정의가 쓰이고 있다. 반응을 일으켜 상대와 결합을 만들 때, 두 개가 한 쌍의 전자를 원하는 물질을 '산', 전자쌍을 주고 싶어 하는 물질을 '염기(塩基)'라고 해서 '루이스의 산·염기'라고 불린다.

루이스의 산·염기는 고체 촉매의 표면 성질이나 거기에 흡착해 있는 물질의 성질을 산·염기의 관점에서 정리하기에 편리하고, 또 산이나 염기의 양과 강도에 의해서 활성이나 선택성이 좌우되는 촉매반응의 예가 수많이 발견되어 최근에 '고체산염기촉매'라고 하는 연구 분야로 크게 발전했다. 촉매에 의한 에틸알코올의 분해반응은 오래전부터 알려져 있었다. 촉매로 황산을 사용하면 선택적으로 탈수반응이 일어나서 에틸렌이 얻어지며, 생석회를 사용하면 탈수소반응에 의해서 아세트알데히드가 생성된다.

$$C_2H_5OH \begin{array}{c} \xrightarrow{\text{산}} C_2H_4 + H_2O \\ \xrightarrow{\text{염기}} CH_3CHO + H_2 \end{array} \quad (7-5)$$

〈그림 7-4〉에는 여러 가지 금속산화물 촉매에 대해서 (7-5)의 어느 반응이 우선적으로 일어나는가를 나타내고 있다.

촉매로서 실용화되어 있는 금속산화물인 산촉매와 염기촉매의 구분을 〈표 7-1〉에 나타냈다. 실용촉매의 대부분은 두 종류 또는 세 종류의 금속산화물의 혼합물이다. 몇 종류의 산화물을 혼합함으로써 고체 촉

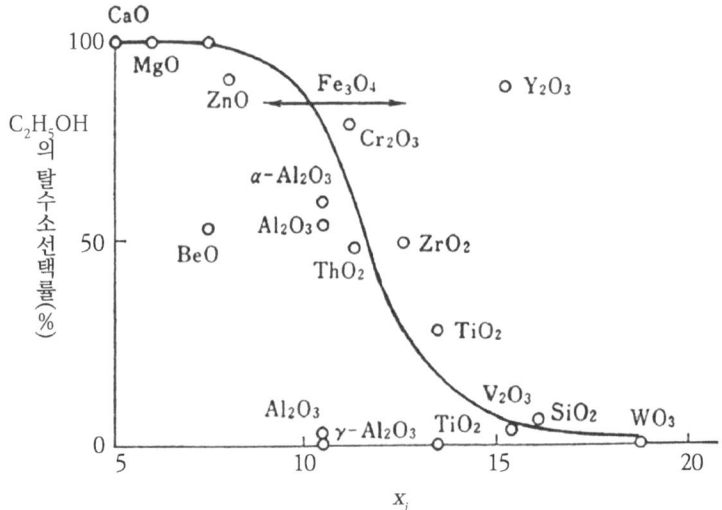

그림 7-4 | 에탄올의 탈수소 선택률과 금속이온의 전기음성도(x_i)의 관계

산촉매	단독 산화물	Al_2O_3, ZnO, TiO_2, CeO_2, As_2O_3, V_2O_5, SiO_2, Cr_2O_3, MoO_3
	복합 산화물	SiO_2-Al_2O_3, B_2O_3-Al_2O_3, Cr_2O_3-Al_2O_3, MoO_3-Al_2O_3, ZrO_2-SiO_2, Ga_2O_3-SiO_2, BeO-SiO_2, MgO-SiO_2, CaO-SiO_2, SrO-SiO_2, Y_2O_3-SiO_2, La_2O_3-SiO_2, SnO_2-SiO_2, PbO-SiO_2, MgO-B_2O_3, TiO_2-ZnO
염기촉매	단독 산화물	BeO, MgO, CaO, SrO, BaO, SiO_2, Al_2O_3, ZnO
	복합 산화물	SiO_2-Al_2O_3, SiO_2-MgO, SiO_2-CaO, SiO_2-SrO, SiO_2-BaO

표 7-1 | 금속산화물에 대한 산·염기촉매

매 표면 위의 산점(酸點) 또는 염기점(塩基點)의 양이나 강도를 조절하여 목적하는 촉매반응에 대한 활성이나 선택성을 향상시키고 있는 것으로 생각할 수 있다.

그러면 에틸알코올의 분해반응의 선택성이 금속산화물의 종류에 따라서 다르다는 것, 또 〈표 7-1〉에서 보는 바와 같이 알루미늄(Al_2O_3)이나 실리카(SiO_2) 등 동일한 물질이 고체산과 고체염기의 두 성질을 겸비하고 있는 것이나, 여러 종류의 산화물을 혼합하면 산성이나 염기성이 변화한다는 것 등의 현상을 어떻게 이해하면 좋을까? 이것을 통일적으로 이해하려는 것이 〈그림 7-4〉의 가로축에 눈금을 매긴 금속이온의 전기 음성도(電氣陰性度) Xi 값의 차이이다.

금속산화물이라고 하는 고체 속에서 금속원자는 (+)의 전기를 산소원자는 (-)의 전기를 띠고 있으므로 표면에서 그것들이 번갈아 가며 인접해서 배열되어 있다. 공기 속에는 공기에 함유된 탄산가스나 수분이 표면에 흡착되어 있다(공기 속에 방치한 금속산화물의 대부분은 이 흡착가스와 반응해서 생성된 탄산염이나 수산화물의 층으로 덮여 있다). 따라서 금속산화물을 촉매로 사용할 때는 미리 300℃ 이상으로 가열하면서 진공으로 표면으로부터 탄산가스나 수분을 제거할 필요가 있다는 것을 앞에서 말했다. 금속산화물 표면의 산성이나 염기성은 이 가열·배기(加熱排氣)의 온도를 올리는 데 따라서 커지며 500~600℃에서 최대가 되고 그 이상의 온도에서는 도리어 감소한다. 에틸알코올의 분해반응처럼 산이나 염기로 촉매되는 반응에 대한 촉매활성도 마찬가지로 500~600℃

의 가열 배기로서 최대가 된다. 이 변화과정을 표면의 OH기의 적외선 흡수스펙트럼의 강도로 조사해보면 500~600℃에서 가열·배기한 금속 산화물의 표면은 일부가 OH기로 덮이고 일부는 금속이온과 산소이온이 노출되어 있다는 것을 알 수 있다.

이때 촉매 표면의 금속이온 M에 OH가 결합되어 있는 경우를 생각해보자. M이 강한 루이스산이고 OH의 산소 전자쌍을 강하게 끌어당길 경우에는 O와 H의 결합이 약화되어 H가 프로톤으로서 빠져나가기 쉬운 상태이다.

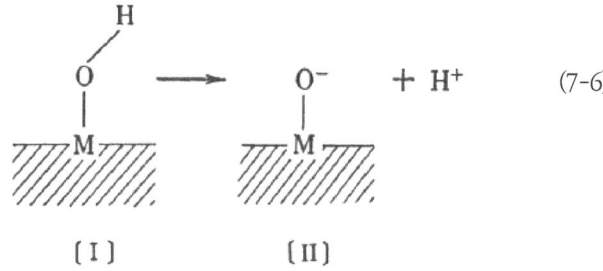

(7-6)

M이 약한 루이스산일 때는 OH는 그대로 수산이온(OH⁻)으로서 행동하기가 쉽다.

$$\begin{array}{c} H \\ | \\ O \\ | \\ M \end{array} \longrightarrow \quad M^+ \quad + \ OH^- \qquad (7\text{-}7)$$

[Ⅰ]   [Ⅱ]

즉, [Ⅰ]의 상태에 있는 산화물 표면의 OH를 흡착한 금속이온 M은 (7-6)에서는 브뢴스테드 산점으로서 작용하고, (7-7)의 경우에는 브뢴스테드 염기점으로서 작용한다. [Ⅰ]이 산점 또는 염기점으로서 작용하느냐는 것은 그것에 작용하는 반응 상대의 산성 또는 염기성의 강도에 따라서 결정된다. 상대가 강한 염기라면 (7-6)에 따라서, [Ⅰ]은 산점이며, 상대가 강한 산이라면 (7-7)을 일으키므로 [Ⅰ]은 염기점이 된다. 이것이 동일 금속산화물이 반응에 따라서 산촉매이거나 염기성 촉매이거나 하는 이유이다.

(7-6)의 반응이 반대 방향으로 일어날 때는 [Ⅱ]의 산소는 염기점의 작용을 하게 된다. 이러한 사실은 이 산소가 M 위에 흡착된 것이 아니다. M의 이웃에 있는 산화물의 산소에서도 마찬가지이다. (7-7)이 반대 방향으로 일어날 경우

$$\mathrm{M-O^-} + \mathrm{H^+} \longrightarrow \mathrm{M-O\overset{H}{|}} \qquad (7\text{-}8)$$

[Ⅲ]의 금속이온은 루이스 산점으로서 작용한다. 이와 같이 생각하면 금속산화물 표면의 산성이나 염기성은 표면의 금속이온 M이 전자쌍을 끌어당기는 강도, 즉 '전기음성도(電氣陰性度)'라고 불리는 수치의 크기에 따라서 결정된다. 금속이온의 전기음성도는 금속화합물의 여러 가지 성질을 참고로 하여 어림잡고 있다. 〈그림 7-4〉에서 가로축의 눈

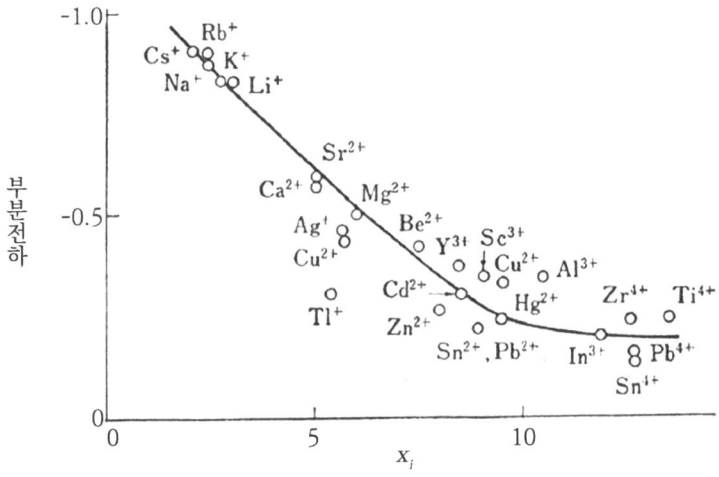

그림 7-5 | 산화물의 산소상의 부분 전하와 금속이온의 전기 음성도(x_i)의 관계

금 Xi가 바로 이것이다.

Xi가 작은 금속이온은 산화물을 만들 때 상대인 산소이온의 전자를 끌어당기는 힘이 약하기 때문에 산소이온의 (-)의 전하가 커진다(〈그림 7-5〉). 따라서 그와 같은 산화물은 강한 염기촉매로서 작용할 것으로 예상된다. 두 종류 이상의 금속산화물을 혼합해서 촉매매로서의 산·염기성을 조절할 수 있는 것은 Xi가 다른 금속이온과 섞이므로 산소이온의 부분 전하가 변화하기 때문이라고 이해된다. 이러한 식의 생각으로 홋카이도 대학의 다베 박사는 연달아 새로운 고체산염기촉매를 개발하고 있다.

여기까지가 현시점에서의 고체산기(固休酸基)촉매에 대한 개략적인 해석이지만 실제의 촉매에는 아직 이해할 수 없는 많은 측면이 있다. 그 하나는 촉매작용에는 표면의 원자나 이온의 배열방식이 변형되거나 흐트러져 있거나 하는 것이 크게 효과를 미치고 있는 것 같다는 점이다(〈그림 6-5〉 참조). 고체산이나 고체염기촉매로서 효과적인 것의 대부분은 수산화물이나 탄산염을 구워서 만든 결정성이 없는 덩어리이거나 극히 작은 결정이 집합한 형태의 산화물로서 결정성이 좋아질수록 촉매작용이 약해진다. 이를테면 촉매에 흔히 쓰이는 알루미늄은 결정성이 나쁜 γ(감마)형의 것이고, 결정성이 좋은 α(알파)형은 촉매로서는 나쁘다.

3불화 요오드(BF_3)는 대표적인 루이스산이다. 최근 미국의 올라박사 일파는 3불화 요오드를 불화수소(HF)나 5불화 안티몬(SbF_5) 등과 혼합하면 100%의 황산을 훨씬 능가하는 강한 산성을 나타낸다는 것을 발견하여 '초강산(超强酸)'이라 명명하고 그 촉매작용을 조사하고 있다.

이와 같은 산 속에서는 화학적으로 안정한 포화 탄화수소의 탄소 사슬을 바꿔 결합하는 개질(改質)을 실온에서 일으키게 하는 새로운 산촉매로 주목받고 있다.

균일촉매와 불균일촉매의 접점

최근에 필자들은 니켈이나 몰리브덴의 황화합물이 (고체이지만) 금속착체 촉매와 같은 활동을 하는 것을 발견했다. 〈그림 5-1〉에 나타낸 촉매의 구분에서 효소나 금속착체는 물 등의 액체에 녹은 상태에서 작용하는 균일촉매이고 앞에서 말한 금속 황화물은 고체에서 작용하는 불균일촉매이다. 이 두 촉매작용의 기구가 같다는 것은 균일촉매와 불균일 촉매의 접점이 발견되었다는 것이 된다. 니켈이나 몰리브덴의 황화물은 그 표면의 황의 양을 조절함으로써 촉매작용을 완전히 제어할 수 있다. 그 내용을 소개하겠다.

촉매반응 속에 반응을 방해하는 물질(촉매독)을 가하고 그것을 어느만큼 가했을 때 촉매작용이 없어지느냐는 것으로부터 촉매가 가지고 있는 반응의 활성 중심의 양을 측정할 수 있다. 금속 촉매의 경우에는 반응에 따라서 표면 전체가 작용하는 경우가 있는 데 반해서 산화물은 고작해야 표면의 100분의 1 내지 1,000분의 1 정도밖에 활성을 갖지 않는 것이 보통이다. 이러한 결과로부터 금속 촉매에서는 흡착된 반응기질이 표면을 돌아다니면서 반응하는 데 대해 산화물이나 황화물에서는 착체촉매와 마찬가지로 고립된 하나의 활성 중심 위에서 반응이 완결되는 것으로 추정된다. 즉, 금속 촉매의 표면에서는 흡착된 반응기질과 상호작용을 갖는 금속 원자의 수는 한 개에서 몇 개까지 여러 가지 경우가 있을 수 있다. 이러한 것이 원인으로 일어나는 반응이 한 종류에 그치지 않고 반응의 선택성이 낮아지는 경우도 있다.

그런데 에틸렌의 원료는 현재는 석유이지만 얼마 전에는 석탄코크스와 석회로부터 만드는 카바이드에 물을 가해서 아세틸렌을 만든 다음 이것을 금속촉매로 수소화해서 에틸렌으로 만들었다. 수소화는 더욱 진행해서 그다지 용도가 없는 에탄을 만든다(2-3 참조). 그래서 H_2에 의한 수소화를 에틸렌에서 정지시킬 만한 촉매가 없느냐는 것이다. 그러나 지금까지 말한 것처럼 H_2에 의한 수소화가 금속촉매에서 일어나는 열쇠는 수소분자의 해리흡착(解離吸着)이기 때문에 아세틸렌을 수소화하지만 에틸렌을 수소화하지 않는 촉매는 일반적으로 생각해서 있을 것 같지가 않다. 지금부터 약 30년 전에 당시 촉매연구소의 직원이었던 스가 박사는 금속니켈을 미량의 황화수소 속에서 가열한 것을 사용하면 아세틸렌의 수소화가 에틸렌에서 멎는다는 것을 발견했다. 그 당시는 니켈 표면의 전기적 성질이 황원자(S)를 붙임으로써 백금과 비슷해지기 때문이라고 하는 금속의 물성변화(物性變化)에 원인을 추구한 설명을 하고 있었다. 필자들이 다시 이것을 상세히 조사해본즉 원인은 전혀 다른 것에 있다는 것을 알게 되었다.

황화수소를 처리한 금속 Ni의 표면은 NiS_2라고 하는 조성을 지니고 있다. 황화니켈에는 몇 종류의 조성이 다른 것들이 있으며 NiS_2는 황화수소처리 Ni와 똑같은 촉매작용을 나타내지만 NiS에는 전혀 촉매활성이 없다. Ni_3S_2의 구조를 조사해보면 Ni 주위에 네 개의 S가 위치한 4면체 구조를 하고 있고, NiS는 Ni가 여섯 개의 S로 둘러싸인 8면체 구조를 하고 있다. 그래서 아세틸렌의 수소화 이외에 여러 가지 불포화 탄화수소의 수소화, 수소 교환, 이성화(異性化) 등의 반응을 조사한 바 모든 결과가 〈그림 6-7〉과 〈그림 6-8〉에 보인 윌킨슨착체와 마찬가지의 활성점(活性點) 모형에 의해서 설명할 수 있다는 것을 알았다. 그 일부를 〈그림 7-6〉에 보였다.

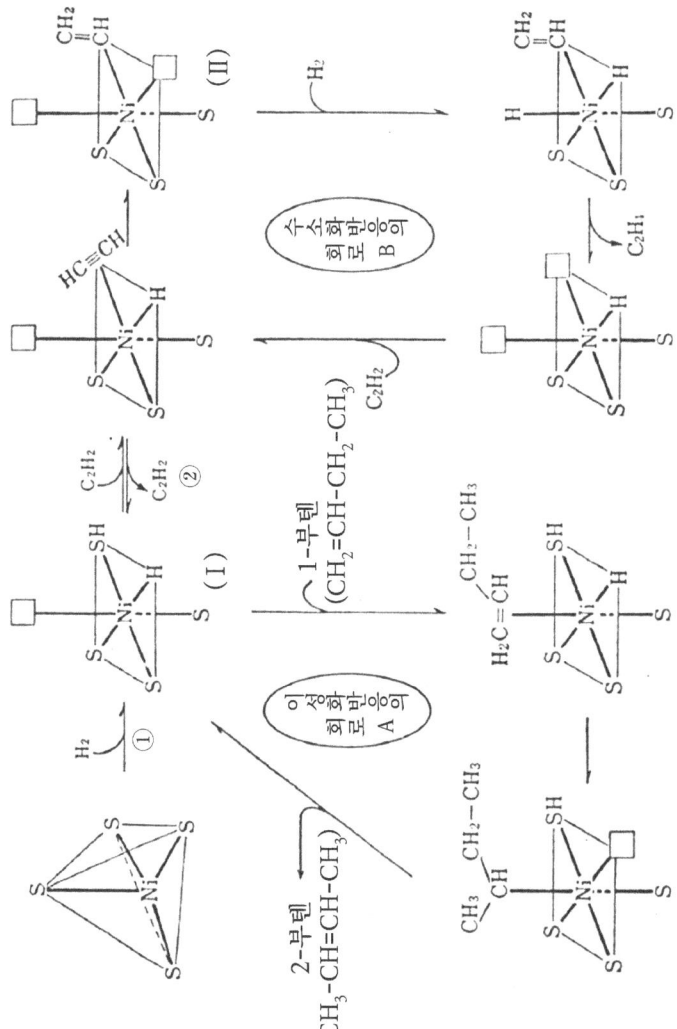

그림 7-6 | 유황처리 니켈촉매의 수소화 촉매활성은 스텝 ②가 우측으로 진행되느냐 좌측으로 진행되느냐로 제어

윌킨슨착체의 배위자 L은 여기서는 황원자이다. 4면체 구조인 Ni_3S_2 표면의 일부분은 수소의 흡착에 수반해서 빈 배위 자리를 하나 가진 8면체 구조로 변화한다. 표와 접촉해서 (Ⅰ)의 히드리드 활성점이 만들어지면 회로 A에 의해서 〈그림 6-8〉에 표시한 것처럼 올레핀 간의 수소교환반응이나 (7-9)과 같은 이성화 반응이 촉매가 되게끔 된다.

$$CH_2=CH-CH_2-CH_3 \rightleftarrows CH_3-CH=CH-CH_3$$

1-부텐   2-부텐

(7-8)

그러나 〈그림 7-6〉의 (Ⅰ)에는 올레핀분자의 배위와 H_2의 해리, 배위를 동시에 일으키기에 충분한 수(적어도 3개)의 비어 있는 배위 자리가 없기 때문에 수소화가 일어나지 않는다.

그런데 에틸렌 대신 Ni_3S_2 위에 아세틸렌을 도입하면 한참 지나고 나서 아세틸렌의 수소화가 일어나게 된다(이 시간적 지연을 유도기라고 한다). 이 유도기(誘導期)는 소반응 ②에 의해서 한 개의 S가 보다 강한 배위자인 아세틸렌에 의해서 치환되는 공정이라고 생각된다. 이리하여 〈그림 7-6〉의 (Ⅱ)가 되면 회로 B에 의해서 H_2에 의한 수소환 반응이 일어나고 에틸렌이 생성된다. 아세틸렌이 다 소비되면 S가 배위 자리로 되

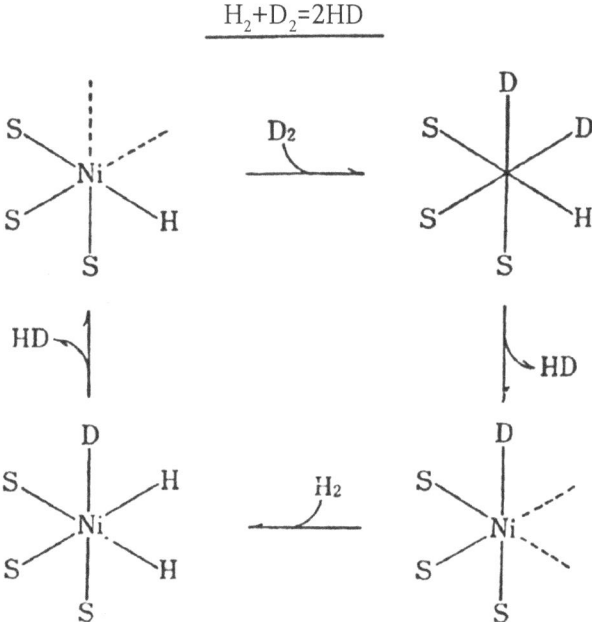

그림 7-7 | Ni_3S_2상의 H_2-D_2 평형화반응

돌아와서 (II)는 (I)이 되고, 회로 B는 멎어서 수소화가 불활성으로 된다. H_2와 D_2의 평형화반응(〈그림 7-7〉 참조)이 일어나기 위해서는 반응에 사용할 수 있는 배위자가 적어도 세 개는 필요하다.

사실 이 반응은 촉매가 수소화에 활성상태로 있을 때, 즉 세 개의 배위 자리가 반응에 쓰일 때만 일어난다.

이와 같이 적어도 H_2가 관여하는 반응에 대해서는 고체촉매 중에도 착체촉매와 마찬가지로 반응 선택성을 명쾌하게 제어할 수 있는 촉매

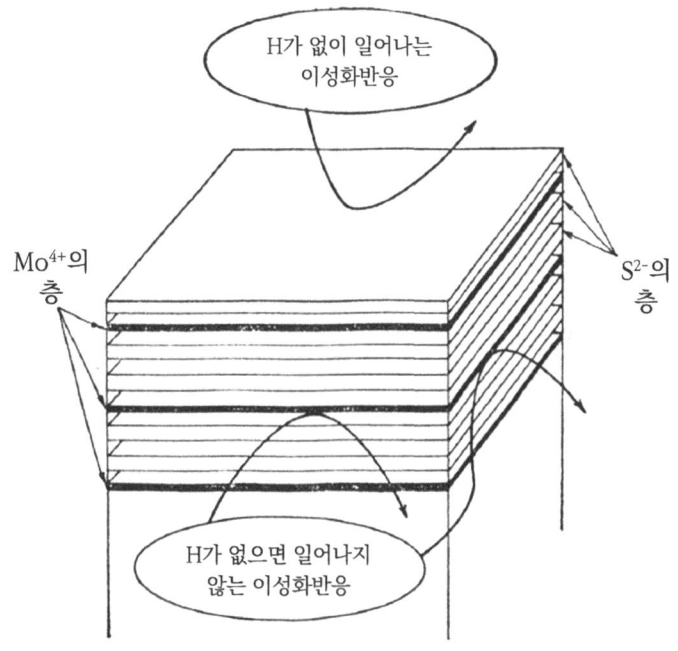

그림 7-8 | MoS$_2$의 층상구조와 촉매작용

가 있다는 것을 알게 되었다. 제6장에서 설명한 2황화몰리브덴(MoS$_2$)은 석유 탈황촉매의 주요 성분이지만 이것은 황화수소처리 Ni촉매와 마찬가지로 극히 선택적 반응이다. 게다가 또 결정면에 따라서 촉매하는 반응이 확연하게 다르다는 것이 필자들의 연구로 밝혀졌다. MoS$_2$는 〈그림 7-8〉에 나타낸 것처럼 Mo층을 S층으로 끼운 샌드위치를 포갠 듯한 층상(層狀)의 구조를 가지고 있으며 결정의 덩어리를 운모처럼 얄팍한 관으로 벗겨낼 수 있다. 이 판 양면은 S로 덮여 있다. 이 판을 잘게 썰어서 Mo를 되도록 많이 노출시킨 것은 Ni_3S_2와 마찬가지의 촉매작용을 지니지만 S만의 층이 드러난 표면에서는 이러한 촉매작용을 볼 수가 없다. 한편 약한 산성에 의해 촉매되는 2-메틸-1부텐의 이성화반응

$$CH_2=\underset{CH_3}{C}-CH_2-CH_3 \xrightarrow{H^+} CH_3-\underset{CH_3}{\overset{\oplus}{C}}-CH_2-CH_3$$

2 -메 틸- 1 -부 텐

$$\xrightarrow{H^+} CH_3-\underset{CH_3}{C}=CH-CH_3 \qquad (7\text{-}9)$$

2 -메 틸- 2 -부 텐

은 S면에서 일어나고 촉매의 표면구조에 둔감한 '일어나기 쉬운 반응'의 대표적인 예이다.

    하나의 반응을 진행시키는 데는 어떤 기능을 가진 활성점을 준비해야 하느냐의 문제는 현재 촉매 연구자들의 커다란 관심거리이다. 이를테면 암모니아 합성반응 (7-11)이나 메타네이션(7-12)과 같은 반응은 금속촉매에서는 극히 쉽게 일어나는데도 이 반응을 촉진하는 착체촉매는 아직 발견되지 않았다.

$$N_2 + 3H_2 \xrightarrow{(Fe)} 2NH_3 \qquad (7\text{-}10)$$

$$CO + 3H_2 \xrightarrow{((Ni))} CH_4 + H_2O \qquad (7\text{-}11)$$

반응의 형 촉매	환원반응*				분해반응**		옥소반응 $RCH=CH_2+CO+H_2$ $\rightarrow RCH_2CH_2CHO$
	$N\equiv N$	$C\equiv O$	$C\equiv N$	$C=C$	$C-C$	$C-H$	
단핵착체	×	×	×	○	×	×	○
클러스터	?	○	○	○	○	○	○
금속	○	○	○	○	○	○	○

*환원반응에도 여러 가지의 형이 있지만 대표적인 것으로 수소의 부가반응을 생각하면 된다. 예를 들면 $N_2+H_2\rightarrow N_2H_2$(히드라진), $CO+H_2\rightarrow HCHO$(포름알데히드), $-CN+2H_2\rightarrow -CH_2\cdot NH_2$(아민) 등이다.
**예를 들면 $C_2H_6+H_2\rightarrow H_2CH_4$처럼, 표시의 C-C결합이 수소부가에 의해서 끊어지는 반응이다.

표 7-2 | 착체·클러스터·금속의 촉매특성(○는 활성, ×는 불활성)

왜 착체로는 일어나지 않고 금속촉매로 일어나느냐는 문제를 고찰하기 위해 〈그림 5-3〉에 보인 것과 같은 몇 개의 금속원자를 함유하는 다핵착체나 금속 클러스터의 촉매작용이 주목받고 있다. 〈표 7-2〉에 여러 가지 반응에 대해서 얻은 결과를 제시했다. 몇 개의 금속원자가 협동함으로써 촉매활성을 나타내는 점에서 클러스터는 금속에 가까운 촉매특성을 가졌다.

모델효소

생체의 에너지 대사를 관장하고 있는 효소는 실온, 대기압 아래서라는 극히 온화한 조건 아래서 세포액(細胞液)이라고 하는 여러 가지 잡다한 화합물의 수용액 속에 있다. 고도의 선택적으로 특정 화학반응을 효율적으로 촉매하고 있다. 이와 같은 촉매를 인공적으로 합성하는 것은 촉매 연구자들의 꿈이며, 이 꿈을 실현하는 지름길로서 여러 가지 모델 효소가 합성되어 그 촉매작용을 조사하고 있다. 이를테면 광촉매 반응에서 포르피린계의 촉매는 자연계의 효소를 상당히 모방한 예이지만 그 밖에 1938년에 쓰마기 박사는 〈그림 7-9〉에 나타낸 코발트착체가 헤모글로빈과 마찬가지로 산소의 운반역을 한다는 것을 발견했다. 그 후 모델효소로서 각종 금속이온착체의 촉매작용을 조사하게 되었다.

그 대표격인 것은 뿌리혹(根瘤菌) 박테리아로 잘 알려진 니트로게나아제라고 하는 공중질소 고정효소의 모델의 합성이다. 니트로게나아제는

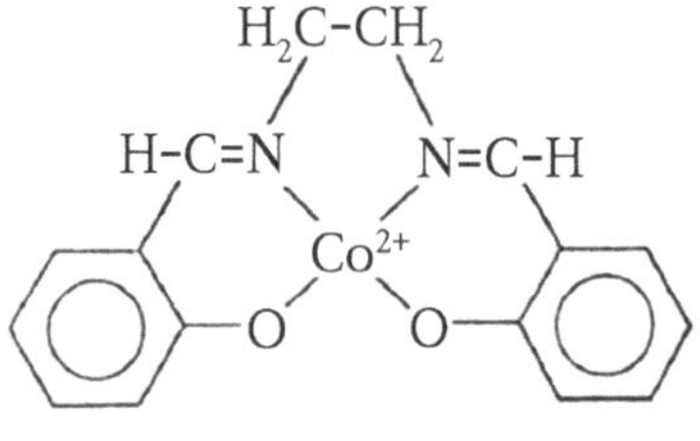

그림 7-9 | 비스(살리실알데히드) 에틸렌·디이민·코발트(Ⅱ)

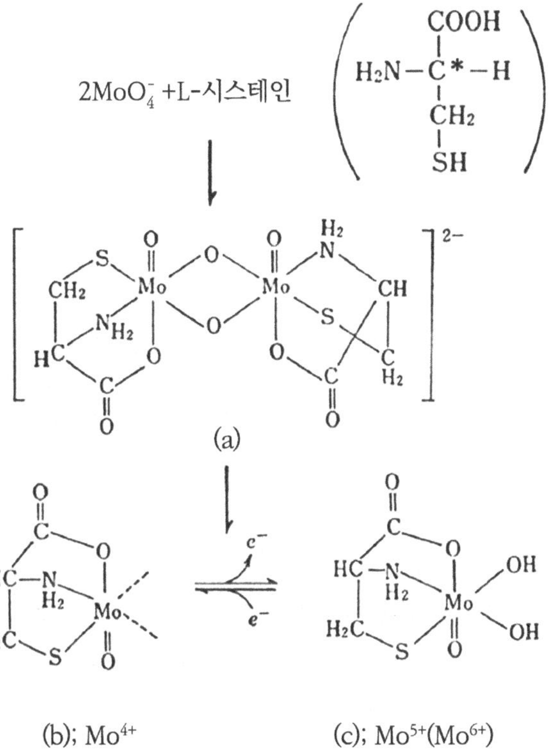

$2MoO_4^- + L\text{-시스테인}$ $\left(\begin{array}{c} COOH \\ H_2N-C^*-H \\ CH_2 \\ SH \end{array} \right)$

$$\left[\begin{array}{c} \text{구조식 (a)} \end{array} \right]^{2-}$$

(a)

(b); Mo^{4+} ⇌ e^- ⇌   (c); $Mo^{5+}(Mo^{6+})$

그림 7-10 | 니트로게나아제의 모형착체

뿌리혹박테리아의 균체 내에 있으며, 이 공기 속의 질소로부터 암모니아를 만든다. 그 활성 중심은 몰리브덴이고 마그네슘이나 철의 2가 이온이 공존하면 작용이 강화된다는 것으로 알려져 있다. 미국 캘리포니아 대학의 슈라쯔아 박사팀은 〈그림 7-10〉의 (a)와 같이 5가의 몰리브덴 이온에 광학 합성인 L-아미노산의 일종인 L-시스테인이 배위된 2핵착체를 합성해서 그 촉매작용을 조사했다. 반응기질 및 ATP(〈그림 4-8〉 참조)와 적당한 환원제를 녹인 수용액에 이 착체를 넣었더니 니트로게나아제가 촉매하는 다음과 같은 반응이 모조리 일어났다고 보고했다.

반응기질

$$R-CN(니트릴) \longrightarrow R \cdot CH_3(탄화수소); NH_3$$
$$R-NC(이소니트릴) \longrightarrow RH, RCH_3(탄화수소); RNH_2(아민)$$
$$CN^-(시안) \longrightarrow CH_4(메탄); NH_3; CH_3 \cdot NH_2(메틸아민)$$

$$N_2 \longrightarrow 2NH_3$$
$$C_2H_2(아세틸렌) \longrightarrow C_2H_4(에틸렌)$$
$$N_2O(아산화질소) \longrightarrow H_2O + N_2$$
$$N_3^- \longrightarrow NH_3 + N_2 \qquad (7\text{-}12)$$

이 착체가 촉매로서 기질을 활성화하는 것은 비어 있는 배위 자리를 가진 〈그림 7-10〉 (b)의 상태이며, (c)로부터 (b)로 되는 데에 필요한 전자는 공존하는 2가의 금속이온으로부터 공급되는 것이라고 생각하고 있다.

이상 촉매의 진단과 설계에 대해서 몇 가지 예를 소개했지만 지면 관계상 화제를 극히 제한하지 않을 수 없었다. 할애한 내용에 대해서는 다음 기회로 미루기로 하고 이 장을 끝맺기로 한다.

주석

***1 화학흡착(化字吸着)**: 자유로이 운동하고 있는 분자가 고체의 표면 원자와의 사이에 화학결합에 가까운 결합으로 흡착하는 것을 말한다. 이것에 대해 분자가 균일상(均一相)에 있는 때와 거의 다름이 없는 상태로 고체 표면에 흡착할 경우 이것을 '물리흡착(物理吸着)'이라고 한다. 화학흡착의 경우에는 화학흡착을 위한 결합을 새로이 만들기 위해서 흡착분자 내의 화학결합은 분자가 자유로울 때나 물리 흡착을 했을 때와 비교해서 커다란 변화를 받고 있다.

***2 촉매독(觸媒毒)**: 촉매에 흡착이나 배위(配位)를 함으로써 촉매의 성질을 바꾸어 촉매작용을 없애는 불순물을 말한다. 고체 촉매의 대부분은 촉매독에 민감하기 때문에 반응기질을 미리 충분히 정제해야 하는 경우가 많다. 이런 것을 이용해서 촉매작용을 잃게 할 만한 촉매독의 양으로부터 촉매 위에 있는 활성중심(活性中心)의 양을 알 수가 있다.

***3 탄수화물**: 당류(糖類)나 그와 비슷한 탄소(C)와 수소(H)와 산소(O)로 이루어진 화합물의 총칭. 이 세 가지 원소의 양적 비율이 모두 $C_n(H_2O)_m$(n과 m은 정수)처럼 탄소원자 C와 물 H_2O가 정수비(整數比)로 되어 있으므로 이런 호칭이 붙었다. 당류, 섬유소, 녹말질 등이 이것이다.

*4 **무기화합물:** 탄산가스(CO_2)나 일산화탄소(CO) 등의 비교적 소수의 간단한 탄소화합물을 제외한 탄소의 화합물을 '유기화합물'이라고 부르고, 유기화합물 이외의 모든 화합물을 '무기화합물'이라고 한다. 공기 속의 산소, 질소, 물, 금속이나 광물 등은 주변에 있는 무기화합물의 대표적인 예이다.

*5 **산과 염기:** 염산(HCl)을 가성소다(NaOH)로 중화하는 반응을 생각해보자. 브뢴스테드의 정의에 의한 산·염기의 중화반응은

$$H + OH^- \rightarrow H_2O \qquad (5\text{-}a)$$

이지만 이 식에 나타나 있지 않은 깨진 조각 Cl^-이온과 Na^+이온에 대해서도 주목하면

$$HCl + NaOH \rightarrow NaCl + H_2O \qquad (5\text{-}b)$$

루이스는 이 반응을 화학결합은 전자쌍(電子對)을 두 개의 원자가 공유하는 것이라고 생각해서 재검토했다. 그렇게 하면 HCl은 H:Cl, NaOH는 Na:(OH)이며, H^+를 받아낸 :Cl^-와 :OH^-를 뱉어낸 Na^+가 중성의 소금분자를 만든다.

$$:Cl^- + Na^+ \rightarrow Na:Cl \qquad (5\text{-}c)$$

이때 : Cl⁻은 전자쌍을 주고 싶어 하므로 루이스염기, Na⁺는 전자쌍을 받고 싶어 하므로 산이라고 하게 된다. 프로톤과 수산이온도 같은 정의에 포함해버리는 반응 (5-b)는 두 종류의 루이스산과 두 종류의 루이스염기의 화합물의 상호변환 반응이라고 볼 수 있다.

이러한 루이스의 해석에 따르면 수용액 속에서 H^+나 OH^-가 관여하지 않는 반응에서도 루이스산과 루이스염기의 중화반응으로 한데 묶어 정리할 수가 있다. 이를테면

$$\boxed{BF_3} + \big(:NH_3\big) \longrightarrow BF_3 : NH_3$$

$$\boxed{Cu^{2+}} + 4\big(:NH_3\big) \longrightarrow [Cu(:NH_3)_4]^{2+} \qquad (5\text{-}d)$$

와 같이 배위화합물을 만드는 반응에 있어서는 □는 루이스산, ○는 루이스염기 이다. 브랜스티드의 산·염기와 구별해서 (5-d)처럼 H^+나 OH^-가 직접 관여하고 있지 않은 경우에는 '루이스의 산·염기'라고 부른다.

표면이 이와 같은 산이나 염기의 성질을 가진 고체가 고체산이나 고체염기이다.

*6 **알데히드(aldehyde)**: 분자 속에 −CHO인 원자단('기(基)'라고 한다)을 가지는 화합물의 일군을 '알데히드'라고 부른다. 가장 간단한 알데히드는 합성수지의 밥그릇에 함유되며 독물로 화젯거리가 되었던 포름알데히드($H·CHO$)이다. 그다음으로 복잡한 것이 아세트알데히드($CH_3·CHO$)이다.

*7 **선택성(選擇性):** 같은 효소물질이 동시에 여러 가지 화학반응을 일으킨 결과 여러 가지 물질의 혼합물이 만들어진다. 그때 어떤 특정 물질을 선택적으로 만드는 촉매가 있다고 하면 그 촉매의 선택성이 높다고 말한다.

*8 **아세트산(초산):** 분자 속에 −COOH기를 갖는 유기화합물의 한 무리가 유기산이다. 가장 간단한 것이 개미산(H·COOH), 다음으로 간단한 것이 초산(CH_3·COOH)이다.

*9 **불포화화합물(不施和化合物):** 불포화화합물이란 다음과 같은 것이다. 유기화합물의 분자 속에서 탄소원자는 네 개의 화학결합을 가지고 있다. 이 네 개의 손이 각각 다른 원자와 결합해 있는 것이 포화화합물, 다른 탄소원자와 두 개 이상의 손으로 결합해 있는 것이 불포화화합물이다. 탄소 C와 수소 H의 화합물인 탄화수소에 대해서 말하면 포화화합물의 대표적인 예는 메탄(CH_4), 에탄(C_2H_6), 프로판(C_3H_8) 등이고

$$\text{메탄 } H-\underset{\underset{H}{|}}{\overset{\overset{H}{|}}{C}}-H \qquad \text{에탄 } H-\underset{\underset{H}{|}}{\overset{\overset{H}{|}}{C}}-\underset{\underset{H}{|}}{\overset{\overset{H}{|}}{C}}-H$$

$$\text{프로판 } H-\underset{\underset{H}{|}}{\overset{\overset{H}{|}}{C}}-\underset{\underset{H}{|}}{\overset{\overset{H}{|}}{C}}-\underset{\underset{H}{|}}{\overset{\overset{H}{|}}{C}}-H$$

(9-a)

이들과 탄소원자의 수가 같은 불포화화합물은 에틸렌(C_2H_4), 프로필렌(C_3H_6) 등 이중결합 $\diagup_{C=C}\diagdown$ 를 가진 것,

$$\text{에틸렌} \quad \begin{matrix} H \\ \diagdown \\ C = C \\ \diagup \\ H \end{matrix} \begin{matrix} H \\ \diagup \\ \\ \diagdown \\ H \end{matrix}, \quad \text{프로필렌} \quad \begin{matrix} H \\ \diagdown \\ C = C \\ \diagup \\ H \end{matrix} \begin{matrix} H \\ \diagup \\ \\ \diagdown \\ C - H \\ | \\ H \end{matrix} \quad (9\text{-}b)$$

및 삼중결합 $-C \equiv C-$ 를 갖는

아세틸렌(C_2H_2), $HC \equiv CH$; 메틸아세틸렌(C_3H_4),

$$H - C \equiv C - \underset{\underset{H}{|}}{\overset{\overset{H}{|}}{C}} - H \quad (9\text{-}c)$$

등이다.

*10 벤젠(benzene, benzol): 약 10년 전까지 벤젠은 그 구조를 결정한 독일의 화학자 프리드리히 케쿨레(F. A. Kekulé, 1829~1896)에 따라서

$$\text{[벤젠 구조식]} \quad (\text{간단히} \; \text{[육각형]} \;) \quad (10\text{-}a)$$

로 썼으나 지금은 이중결합이 (10-a)처럼 특정 탄소원자의 그룹에는 고정되어 있지 않다는 것이 밝혀져 본문의 (2-4)처럼 쓰이게 되었다. 이들 수소화반응에 의해서 생성되는 포화화합물의 결합은

(시클로헥산 C_6H_{12})

이다.

*11 **반응열(反應熱):** (2-3) 식의 의미는 1몰(mol, 분자의 수로 해서 6×1,0^{23}개, 기체분자에서는 실온 1기압(atm)에서 22.4ℓ의 양에 해당함)의 에틸렌이 수소화되어 전부 에탄이 되면 41.3kcal의 에너지가 방출된다고 한다. 반응에 따라서는 보다 일정한 화합물을 만들수록 큰 반응열이 방출된다.

*12 **이성화반응(異性化反應):** 분자식은 같지만 성질을 달리하는 것은 '이성체(異性体)'라고 부른다. 구조 이성체 간의 반응으로서 가장 잘 알려진 것은 부텐(C_4H_8)의 이성화반응이다.

부텐에는 이 밖에 이소부텐($H_2C=C{<}^{CH_3}_{CH_3}$)이라는 이성체도 있다. 어느 것이나 다 부텐 C_4H_8이다. 또 구조는 같지만 입체적인 배치를 달리하는 경우는 입체 이성체라고 한다. 글루탐산의 이 변환은 그 하나의 예로서 광학이성화(光學異性化) 반응이다.

*13 내연기관(內燃機關): 자동차의 엔진이나 비행기의 제트엔진처럼 동력장치의 내부에서 연료를 연소하여 동력을 얻는 장치 중 그 폭발력을 동력으로 바꾸는 것을 '내연기관'이라고 한다. 이것에 대해 증기기관차처럼 연료를 외부에서 연소해서 그 열로 장치 내의 물 등의 액체를 기화·팽창하게 함으로써 동력을 얻는 장치를 '외연(外燃)기관'이라고 한다. 배기가스에 대해서 살펴보면 내연기관은 폭발적인 단시간의 연소이기 때문에 외연기관과 비교해서 필연적으로 다 타지 않은 미연(未燃)가스나 일산화탄소가 많아진다.

*14 **화학평형(化學平衡):** 화학반응의 균형을 말한다. 반응 $N_2+3H_2=2NH_3$이 일어났다고 하고서의 반응의 원계(原系, N_2+3H_2)와 생성계(生成系, $2NH_3$)가 어느 정도의 혼합비가 되었을 때 이 반응이 균형을 이루어 멎게 되느냐는 문제이다. 반응의 균형점은 원계와 생성계의 자유에너지가 같아진 점이다.

N_2나 NH_3 등의 화합물의 자유에너지는 그 화합물의 종류와 농도 및 온도에 따라 결정된다. 따라서 온도가 일정한 아래서 원계와 생성계의 자유에너지가 다를 때에는 원계와 생성계의 성분농도는 자유에너지의 차가 없어질 만하게 변화, 즉 반응을 일으켜서 원계와 생성계에서 자유에너지의 차가 없어진 점에서 반응이 멎는다. 이것이 화학평형점이다. 화학평형의 문제는 실제로 그 반응이 일어난다고 하면 어느 방향으로 일어나느냐가 문제이지, 어떤 속도로 일어나느냐는 반응속도의 문제와는 관계가 없다. 또 촉매는 반응속도를 크게 하는 작용은 있지만 화학평형을 바꾸지는 않는다.

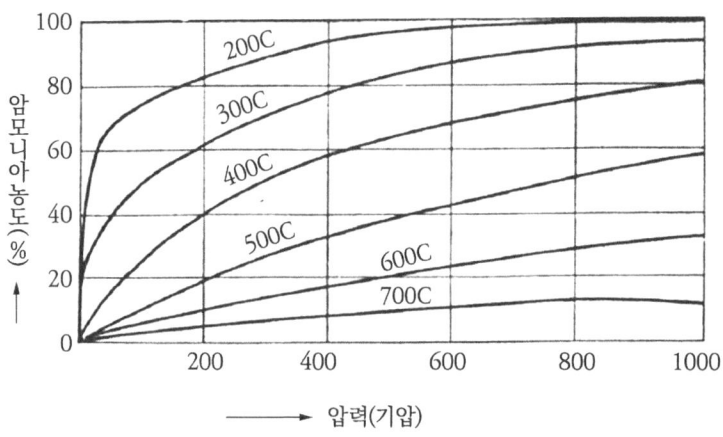

위의 그림은

$$N_2 + 3H_2 \rightarrow 2NH_3$$

의 평형에 있어서의 암모니아의 농도와 반응, 온도와 압력의 관계를 나타낸 것이다. 반응식으로부터 알 수 있듯이 반응에 의해서 분자의 총수가 절반으로 되기 때문에 압력이 높을수록 암모니아합성에 유리하다는 것을 알 수 있다. 또한 반응온도는 낮을수록 암모니아에 유리하다. 이를테면 200℃, 800atm에서는 질소와 수소의 혼합물은 거의 모두 암모니아로 될 터이기 때문에 저온에서 효율적으로 작용하는 촉매의 개발이 요구된다.

*15 **아미노산과 단백질:** 아미노산은 한 개의 분자 속에 아미노기($-NH_2$)와 카복실기($\overset{O}{\underset{}{-C-OH}}$)를 갖는 탄소, 수소, 산소, 질소를 주성분으로 하는 물질의 총칭이다. 이 두 기 이외의 부분이 달라짐으로써 여러 종류의 아미노산이 있다. 두 종류의 아미노산 분자를 A와 B라고 할 때 A의 아미노기의 H와 B의 카복실기의 $-OH$가 물분자(H_2O)로 되어서 빠져나가는 동시에 A와 B분자는 산펩티드결합($\overset{O}{\underset{}{-C-NH-}}$ 의 굵은 선)을 만들어 결합한다. 이와 같이 해서 여러 가지 아미노산이 규칙적으로 결합해서 생성되는 아미노산의 고분자 화합물이 단백질이다. 따라서 산촉매에 의해서 단백질을 가수분해하면 아미노산이 만들어진다.

*16 **방향족 탄화수소(芳香族벛化水素):** *10의 벤젠고리(環)를 가진 유기화합물을 '방향족화합물'이라고 한다. 벤젠고리의 H가 탄화수소 RH의 R로 치환된 것이 방향족 탄화수소이며, 톨루엔은 $-CH_3$가 한 개, 키실렌(xylene, 자일렌)은 두 개가 붙은 것이다. *10의 벤젠의 여섯 개의 탄소원자에 번호를 1에서부터 6까지 붙였을 때, 두 개의 $-CH_3$이 결합해 있는 탄소가 1·2, 1.·3, 1·4의 이성체를 각각 오쏘(ortho), 메타(meta), 파라(para) 키실렌이라고 부른다. 스틸렌은 벤젠고리에 $-CH=CH_2$가 하나 결합한 것이다(본문 3-1식).

*17 **폭발적인 인구증가:** 지금 지구상의 인구는 폭발적으로 증가하고 있다. 즉, 서기 0년에는 2억이었다고 추정되는 세계의 인구가 1200년 만에 3억이 되었고 그 후부터 600년 동안에 9억으로, 또 100년 동안 16억이 되었으며, 지금은 불과 2년 사이에 1억씩 인구가 늘어나고 있다고 한다. 현대 인구증가의 대부분은 생활필수품의 대량생산과 의료의 진보가 가져다준 효과에 의해서 이른바 개발도상국에서 일어나고 있다.

*18 **이온교환막(交換膜):** 1935년에 영국의 아담스(Adams)와 홈스(Holmes)가 페놀과 포름알데히드를 축합(縮合)한 합성수지 베클라이트가 수용액 속의 양이온을, 자체가 원래부터 가지고 있는 이온과 교환함으로써 포착된다는 것을 발견하고 나서 수많은 교환수지(交換樹脂)가 발명되었다. 종류는 대별해서 양이온 교환수지와 음이온 교환수지로 분류된다. 이를테면 양이온 교환수지를 RH로 표기한다면

$$R\text{-}H + NaOH \rightarrow R\text{-}Na + H_2O$$

RH의 프로톤 H^+가 NaOH의 Na^+로 치환됨으로써 물속의 Na^+이온이 제거된다. 이 수지를 얇은 막 모양으로 성형하면 수지에 포착된 Na^+이온은 수지 안에서 H^+와 위치를 교환해서 결국은 막을 통과한다. 이렇게 해서 양이온 교환막은 양이온만을, 음이온 교환막은 음이온만을 투과(透過)한다.

*19 **농담전지(濃淡電池):** 전지는 전해질용액에 담근 두 개의 전극으로 이루어져 있는데, 이 두 개의 전극의 재료가 같고 각각의 농도만이 다른 같은 종류의 전해질(電解質)용액에 담겨 있을 때(양쪽의 액은 질그릇으로 만든 판으로 분리되어 있다)는 전해질의 농도 차에 따라서 기전력(起電刀)을 발생한다. 이것을 농담전지라고 한다.

*20 **공연비(空燃比):** 연료가스의 몇 배나 되는 용적의 공기를 혼합해서 엔진에 넣는 비율을 말한다. 본문에 있듯이 이 비율에 따라서 배기가스의 조성이 달라진다. 자동차의 카뷰레터는 이 공연비를 조절하는 장치이다.

*21 **동위원소(同位元素)에 의한 연대 측정:** 동위원소(isotope)에 대해서는 제6장을 참조하기 바란다. 방사성 원소를 방사선(α선, β선, γ선, 중성자선)을 내어 다른 종류의 원소로 변화('붕괴'라고 한다)한다. 이 변화방법과 속도는 원자핵의 변화이므로 그 원소가 어떤 화합물을 만들고 있느냐는 것과는 관계없이 정해져 있다. λ

Noe$-\lambda^t$에 비례한다(t는 시간, λ는 붕괴상수, No는 맨 처음에 있었던 방사성 원자의 수). 이러한 사실을 이용해서 연대를 알고자 하는 물질 속의 특정 방사성원소의 양, 또는 붕괴결과로 생성된 동위원소의 양을 측정함으로써 그 물질이 생성된 연대를 알 수 있다. 이를테면 삼중수소 T는 대기 속의 질소원자에 우주선의 중성자 n이 충돌할 때 생성되는데 전자(β선)를 복사(輻射)해서 헬륨으로 변화한다.

$$^{14}N + n \rightarrow {}^{12}C + T\ ;\ T \rightarrow He + e^-$$

헬륨으로 변화함으로써 T의 양이 반감되는 시간(반감기)은 12,262년이다. 포도주나 천연 얼음 속의 T를 측정함으로써 1,000년쯤 전의 연대를 알 수 있다. 방사성 탄소 ^{14}C가 β선을 방출해서 질소의 동위체 ^{14}N으로 되는 반감기는 5,568년이다. 탄소 화합물 속의 ^{14}C의 양을 측정함으로써 약 1억년 전까지의 연대를 알 수 있다. 그러나 이 방법은 원폭실험(原爆實驗)으로 ^{14}C가 흩부려졌기 때문에 지금은 신용할 수가 없게 되어 버렸다. 그 밖에도 반감기가 훨씬 더 긴 방사성 원소의 붕괴 생성물을 측정함으로써 억 년 단위의 연대도 알 수 있다.

*22 질량분석계(質量分析計): '매스 스펙트로미터(mass-spectrometer)'라고 부른다. 그림의 전자석 이외의 부분은 항상 진공펌프로 배기되어 있는 금속관에 수용되어 있다. 이 온화실(室) 오른쪽의 필라멘트를 백열해서 이온화실과의 사이에 –50~100V의 전압을 걸고, 화살표처럼 이온화실을 관통하는 전자의 흐름을 만들어둔다. 위로부터 시료(試料)인 희박한 가스를 흘려보내면 가스의 분자는 전

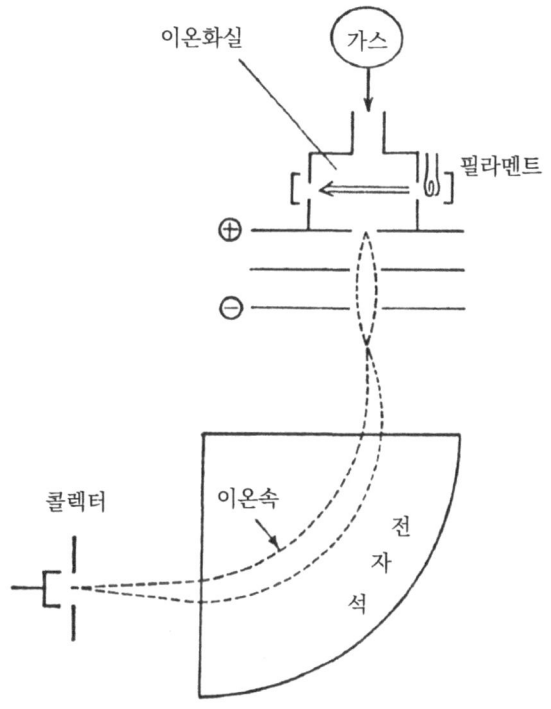

자의 흐름에 두들겨서 대부분이 (+)1가의 이온이 된다. 이 이온은 이온화실 밑쪽의 슬릿으로부터 꺼내지고 ⊕와 ⊖의 전기장(電氣場)으로 가속되어 가느다란 이온의 흐름이 되어 전자계 사이를 통과한다. 무게가 각각 다른 공을 같은 속도로 옆바람이 불고 있는 공간에 던졌을 때, 가벼운 공일수록 더 옆으로 휘어져 날리는 것처럼 자극(磁極) 사이를 통과하는 이온은 가벼운 것일수록 궤도가 더 휘어지기 때문에 이온은 무게에 따라서 나누어지게 된다. 전자석의 강도를 바꿔가면서 콜렉터에 연달아 들어오는 이온의 흐름을 전류로서 기록함으로써 시료

가스 속의 여러 가지 분자량을 무게별로 나누어 측정할 수 있다. 영국의 물리학자 애스턴(Francis William Aston, 1877~1945)과 톰슨(Joseph John Thomson, 1856~1940)이 1919년에 처음으로 제작해서 같은 원소에도 무게가 다른 안정동위체가 있다는 것을 발견하여 1922년에 노벨 화학상을 받았다. 20세기 중엽 이후부터 이 장치는 화학연구의 필수적인 장치가 되었다.

*23 **크로마토그래피(Chromatography):** 가느다란 금속 또는 유리로 만든 관에 흡착제의 입자를 채워 넣고 여기에 흡착하지 않는 헬륨 등의 가스를 흘려보내 둔다. 여기에 소량의 분석시료를 주입하면 시료는 흡착과 탈리(脫離)를 반복하면서 관의 출구로 이동한다. 이때 흡착의 강도에 따라서 성분이 분리되고 흡착이 약한 성분이 먼저, 강한 것일수록 늦게 나온다. 각각의 성분이 나오는 시간과 양을 측정하면 분석시료가 어떤 성분의 얼마만큼의 혼합물인가('정량분절'이라고 한다)를 알 수 있다. 이 방법을 '흡착가스 크로마토그래피'라고 한다. 헬륨 등의 가스 대신 적당한 용매(溶媒)를 흘려보내서 분리하는 것이 '액체 크로마토그래피'이다. 여과지의 리본 하부에 색소로 점을 찍고 밑부분을 석유 에테르에 담그면 석유 에테르가 모세관현상에 의해 여과지의 위쪽으로 올라옴에 따라서 색소의 성분이 분리된 점으로서 관찰할 수 있는 방법은 '페이퍼 크로마토그래피'라고 불린다. 단백질을 분해해서 생성되는 각종 아미노산도 크로마토그래피에 의해서 정량분석이 가능하다.

*24 **겔(gel):** 용액에 녹아 있는 고분자물질의 입자가 서로 끌어당겨서 용액 전체로서는 고체화된 상태를 말한다. 건조제인 실리카겔이 대표적이다.

*25 **광학활성물질(光字活性物質) – 우선회와 좌선회:** 여기 L형(좌선성 물질)과 D형(우선성 물질)이라고 하는 것은 그 물질을 투과하는 빛의 편광면(偏光面)을 왼쪽으로 돌리는(좌선성) 것과 오른쪽으로 돌리는(우선성) 것의 광학적 이성체(이를테면 주석산의 L형과 D형처럼 화학적으로는 동일한 물질이지만 입체구조가 다른 것)를 말한다.

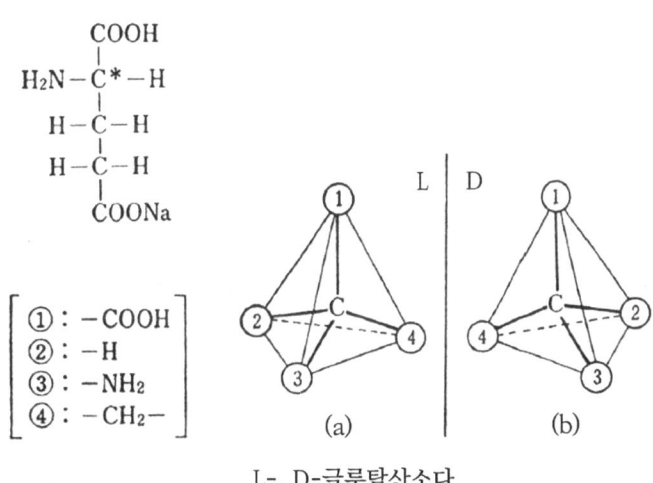

L-, D-글루탐산소다

이를테면 글루탐산소다의 L형과 D형이 다른 원인은 그림에서 보는 바와 같이 글루탐산소다분자 중 *표시를 한 탄소원자에 있다. 탄소원자도 유기화합물 속에서는 정사면체의 중심에 위치해서 꼭짓점을 향하여 네 개의 화학 결합수를 갖지만, 글루탐산 분자의 *표시의 C에 결합해 있는 원자단은 -COOH, -H, -NH₂, -CH₂의 네 개가 모두 다르다. 이때는 그림의 (a)와 (b)처럼 ①②③④의 순서가 좌선회인 것과 우선회의 것이 있어서 서로 거울상의 관계에 있고 사면체를 어느 쪽으로 돌려도 포갤(중합) 수는 없다. 이러한 화합물을 광학활성이 있다고 하고, 그 하나를 L형, 다른 쪽을 D형이라고 한다.

  자연계에서 만들어지는 광학 활성물질은 많지만 그 대부분이 L형인 것은 흥미롭다. 극히 최근까지는 자연계에서 이와 같은 광학 활성물질의 합성이 신의 의지나 생명력만이 능히 할 수 있다고 진지하게 말해 왔으나 지금은 전혀 비생물적인 화학반응에 의해서 광학 활성물질을 합성하는 것이 수많이 보고되어 있다. L-글루탐산 소다의 합성은 그것의 좋은 예이다.

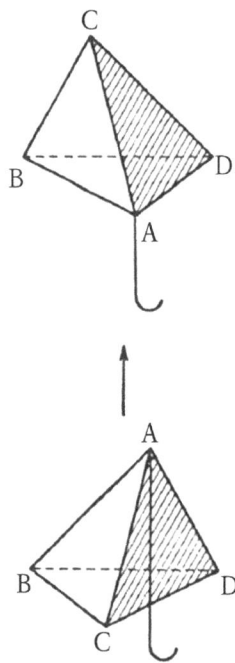

*26 라세미화(recemization): 광학적으로 활성인 분자의 L형과 D형의 등량 혼합물, 또는 이 두 분자의 화합물을 '라세미체(休)'라고 한다. 라세미체는 광학적으로는 우선성과 좌선성이 상쇄되어 광학적 활성이 없는 광학불활성이다. 광학활성인 분자는 이를테면 열이나 빛의 에너지를 흡수해서 우산이 바람에 뒤집혀 반전되는 것처럼 겉과 속이 뒤집히게 된다. 이 변화는 산이나 알칼리를 촉매로 해서도 일어난다. L형과 D형은 에너지적인 차이가 없기 때문에 이 반전변화는 L형과 D형이 등량으로 된 점에서 평형이 된다(*25 참조). 광학 활성분자의 인공적인 화학합성에서는 언제나 이 반전변화를 수반해서 라세미체밖에 되지 않으므로 다시 L형과 D형을 분리하는 특별한 연구가 필요하다.

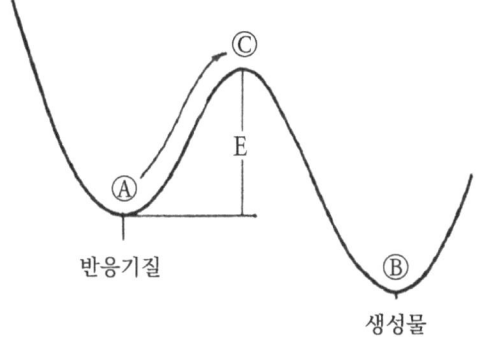

*27 카보닐(carbonyl): 배위자(配位子)로서 CO를 갖는 금속착체의 총칭이다. 이를테면 〈그림 5-3〉에 보인 것이 이것이다. CO가 금속에 배위하는 결합 이외에 금속원자(또는 이온) 간에도 결합이 있으므로 금속 클러스터의 일종이라고 생각하고 있다. 철이나 니켈의 카보닐은 오래전부터 알려진 독성 화합물이다.

28 반응속도상수(反應速度常數): 반응속도 v가 (5-2)식처럼 반응기질 농도의 함수로써 주어질 때, 비례상수인 반응속도상수 k를 크게 할 수 있으면 반응속도가 커진다. 화학반응의 속도는 보통 반응온도가 높을수록 커진다. 이것을 설명하기 위해 아레니우스(Ahrrenius, 1859~1927)는 그림처럼 반응기질이 반응을 일으켜서 생성물로 되기 위해서는 에너지의 산, 즉 장벽을 넘지 않으면 안 된다. 반응온도가 높을수록, 즉 반응기질의 분자가 가지는 병진(並進), 진동이나 회전 에너지가 클수록 Ⓐ가 있는 골짜기의 바닥이 얕아져서 장벽을 넘기 쉬워진다고 했다.

 이 장벽의 높이 E를 '활성화 에너지'라고 부른다. (5-1)식의 (H_2+I_2)가 그림의 Ⓐ, (2HI)가 그림의 Ⓑ의 상태에 해당하고, 장벽의 꼭짓점 Ⓒ는 (5-5)식의 중간체에 해당한다. 촉매는 Ⓒ의 에너지, 따라서 E를 작게 하는 작용을 가졌다고 설명하고 있지만, 이 설명은 (5-1)이 소반응 (5-5) 그 자체일 경우에 밖에 통용되지 않는다. 이를테면 백금촉매에서도 (5-1)의 반응이 일어나지만 이때의 중간체는 해리, 흡착된 수소원자와 요오드원자이며, 반응이 일어나는 방법은 (5-1)과는 전혀 다르기 때문에 그림과 같은 단순한 하나의 에너지 장벽으로만은 나타낼 수가 없다.

29 증착막(蒸着膜): 금속을 진공 속에서 가열하면 증발하여 차가워진 벽(대부분의 경우 유리와 운모판)에 얄팍한 막이 되어 엉겨붙는다. 이것을 '증착막'이라고 하며 금속의 깨끗한 표면을 만들기 위해서 사용되는 방법이다. 매끈한 거울처럼 보이더라도 대개는 여러 가지 작은 결정의 집합체이다.

*30 **결정면의 면 지수(面指數):** 단결정(單結晶)이 어느 방향으로 전달했을 때 생기는 면인가를 가리키는 수치이다. 텅스텐 단결정은 그림과 같은 원자의 배열방식을 반복한 구조(休心立方格子)를 가지고 있다. 입방체의 중심에 원자가 배열되어 있다. 입방체의 한 변의 길이 a를 단위로 해서 x, y, z 방향으로 a의 몇 배의 점을 연결한 면으로 전달했을 때 이루어지는 면인가를 나타내는 것이 면 지수이다. 그림의 입방체의 앞, 옆, 위의 면은 각각 (101), (011), (110)으로 나타내고, 그 면에서의 원자의 배열방식은 같다. 그림의 ⓧ표시 원자 세 개를 포함하는 면에서 전달했을 때의 결정면은 (111), y축과 z축 위의 ⓧ와 x축 위의 ⓧ의 또 하나 이웃의 원자를 포함하는 면은 (211)이다.

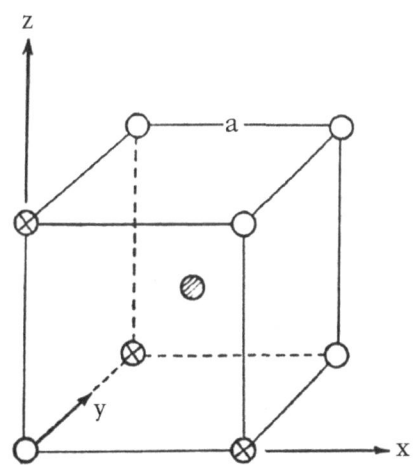

*31 **지킬 박사와 하이드 씨의 약:** 로버트 루이스 스티븐슨의 소설 『지킬 박사와 하이드』에서 온후하고 성실하며 착한 사람의 전형인 지킬 박사는 인간은 원래 선과 악의 이중인격자라고 생각하여 악인이 되는 약과 선인으로 되돌아오는 약을 발명했다. 스스로 이 실험을 되풀이해서 못된 짓만 하고 있는 동안에 악인으로의 변화가 저절로 일어나게끔 되고, 선인으로 되돌아오는 약의 소모량이 점점 늘어나서 마침내는 이 약을 다 써버렸다. 새로운 원료를 사다가 처방대로 만들어 보았지만 전혀 효과가 없었다. 전에 사용했던 원료에 섞여 있던 무엇인지 모를 불순물이 약효를 나타내고 있다고 알고 나자 악인의 모습으로 자멸했다는 이야기이다.

후기

필자가 촉매연구소의 소장직을 떠맡지 않으면 안 되었던 무렵, 당시의 오노 사무장과 다음과 같은 상의를 한 적이 있다.

연구소에는 연구자뿐 아니라, 대학을 떠나면 높은 수준의 급료로 대우를 받을 수 있는 길이 있는데도 불구하고 외국의 연구소에 비해서 훨씬 낮은 대우로도 버티고 있는 기술계 직원이 있는가 하면, 그늘에서 뒷바라지를 하는 일이 자기 임무라고 스스로 자부하는 사무직원도 있다. 그러나 예산을 절충할 경우가 되면 사무장의 직책상 아무래도 '촉매'의 중요성을 이해시키기가 힘들다. 그래서 기술계 직원이나 사무직원에게 하다못해 예비지식 정도라도 좋으니까 자기들의 직장에서 하는 일의 목적을 이해하도록 해서 음지에서의 활동이 이만큼이나 사회와 연결되어 있다는 직장의 연대감과, 더 욕심을 부린다면 각각 전문가로서의 긍지를 가질 수 있게 하는 데 조금이라도 도움이 될 수 있다면 하는 생각에서 연구자들이 알기 쉽게 촉매에 대한 해설강좌를 제공할 수 없을까 하는 생각을 했다.

이 계획은 유감스럽게도 수포로 돌아갔지만 재작년 봄, 고단샤(講談社)로부터 "촉매라는 것이 매우 중요하고 흥미로운 것인 듯한데 아무래도 이해하기가 힘들다. 블루백스에 촉매를 대중용으로 알기 쉽게 해설해 줄 수 없겠느냐"는 권유를 받았다.

촉매연구소에 발을 들여놓은 지 30년이 되지만, 촉매의 극히 한정된 일부분, 더구나 실용면을 일단 도외시한 기초적인 좁은 분야의 연구밖에 경험이 없는 필자가 이 권유를 받아들이기에는 어울리지 않는다는 것은 말할 나위도 없다. 그러나 한편 촉매에 관해서는 세계 최초이자 일본에서 유일한 곳이라고 자부하고 있는 연구소의 대표자로서 자기가 밥을 얻어 먹고 있는 학문영역인 촉매가 사회에 어떻게 도움을 주고 있느냐를 해설한다는 것은 하나의 커다란 의무라고 생각해서 감히 고에다 부장의 권유를 받아들이기로 했다.

응용 실태에 대해서는 거의 지식이 없는 필자의 공부도 겸해서 굳이 문외한 나름의 정리와 요약으로 일관했기 때문에 개개 사례에 대해서는 많은 오류도 있을 것이고, 이론에 치우치지 않았나 하는 걱정도 된다. 여러분의 가르침을 바라는 바이지만, 적어도 이 책을 통해 촉매의 연구와 개발의 중요성의 일단을 여러분께서 이해해주셨다면 다행으로 생각한다. 학문적인 경향이 가장 짙은 제5장, 제6장에 대해서는 이 방면의 연구에 의욕을 불태우고 있는 대표적인 중견 연구자의 한 사람인 다나카 조교수에게 자료를 분담시켰고 또 전체에 걸친 토론을 부탁했다.

제3장의 자원, 에너지 관계의 자료에 대해서는 홋카이도대학 공학부 아오무라, 엔도, 두 교수와 촉매연구소의 도요시마 조교수의 도움을 받았다. 이 지면을 빌어 깊이 감사드린다. 본문 중에서 출전(出典)을 메모한 자료 이외에는 전반에 걸쳐서 화학사전, 촉매 관계의 숱한 전문서적, 촉매공학 강

좌와 잡지 「촉매」(촉매학회편), 「화학총설」과 「화학과 공업」(일본화학회편) 기타 여러 논문 등 수많은 자료를 참고했다. 하나하나 열거하지는 않았지만 〈사진 1〉과 〈사진 3〉을 흔쾌히 제공해준 지요다화공 건설주식회사를 포함해서 모두에게 감사드린다.

마지막으로 필자가 직장에서 부딪힌 곤경 속에서도 연구와 집무 틈틈이 이 작은 책자를 준비할 수 있을 만한 정신적인 여유를 지닐 수 있었던 것은 홋카이도대학 안팎으로부터 보내준 격려 덕분이다. 또한 아내 쿄코에게 감사의 뜻을 표한다.

1979년 1월

미야하라 고시로

촉매 연구의 진보는 일진월보의 추세에 있다. 추고 단계에서 약간의 새로운 연구성과를 덧붙였다. 또 객원으로서 도쿄대학 물성연구소에 체제 중 이 원고를 읽고 여러 가지로 귀중한 의견을 주신 같은 연구소의 무라다 조교수 및 연구실의 여러 분, 그리고 고단샤의 여러 분에게 깊은 감사를 드린다.

1979년 10월 30일

옮긴이의 말

한창 강의에 분주해야 할 때 허탈감을 가지고 보내야 하는 몹시도 지루한 여름날이었다. 무엇인가 하지 않으면 안 되겠고 기념될 만한 일을 했으면 하던 차에 전파과학사의 손영수 사장님께서 이 책을 번역할 수 없겠느냐고 권유하셨다. 얼핏 보니 모르는 내용이 많았으나 누구라도 다 알 수는 없는 것이었다. 공부도 할 겸 단번에 해치우고 나니 조금은 후련해지는 심정이다.

지구상의 유기물이나 무기물 할 것 없이 모든 물체들이 반응하여 새로운 물질을 생성하는 데는 여러 가지 촉매가 필요하다. 힘든 반응을 쉽게 해주고 오래 걸리는 것을 신속하게 해주는 촉매야말로 과학기술 문명에서 필수불가결한 것이다.

자원을 절약하고 각종 공해를 염려해야 하는 이때 적절한 촉매의 개발은 더욱더 중요성을 지닌다. 아직도 버리고 있는 막대한 에너지자원의 활용이나 인류의 식량인 단백질, 전분 등을 촉매를 써서 값싸게 만들 수 있다면 얼마나 좋을까. 옛날에는 미처 상상도 못했던 반응들이 촉매 덕분에 거뜬하게 이루어지고 있는 것을 볼 때 멀지 않은 앞날에 촉매 주변에는 또 놀랄 만한 변화를 불러올 것이다.

이 책을 통해서 갖가지 촉매작용의 예를 읽으면서 촉매의 역할, 복잡성, 작용, 메커니즘 등 우리가 개략적으로 알고 있는 촉매에 관한 윤곽을 어느 정도 알 수 있으리라 믿는다. 또한 역사의 뒤안길에서 과학의 역군들이 얼마나 피땀을 흘리고 있는가를 알 수 있으리라.

거듭 말하지만 모르는 내용들이 있어 잘못된 점이 있을까 심히 걱정된다. 여러분의 바로잡음에 기꺼이 응하겠다.

끝으로 이러한 일을 맡겨주신 손영수 사장님과 내용을 다듬어 주신 편집인, 그리고 교정을 열심히 보아준 경희대학교 한갑수 학생에게 모두 감사드린다.

1980년 12월
조재선